Space – Die Zu

MW01247832

Sven Piper

Space – Die Zukunft liegt im All

 Springer

Sven Piper
Hamm, Nordrhein-Westfalen, Deutschland

ISBN 978-3-662-59003-4   ISBN 978-3-662-59004-1   (eBook)
https://doi.org/10.1007/978-3-662-59004-1

Die Deutsche Nationalbibliothek verzeichnet diese Publikation in der Deutschen Nationalbibliografie; detaillierte bibliografische Daten sind im Internet über http://dnb.d-nb.de abrufbar.

Einbandabbildung: Gary Tonge
Planung/Lektorat: Lisa Edelhäuser

Springer ist ein Imprint der eingetragenen Gesellschaft Springer-Verlag GmbH, DE und ist ein Teil von
Springer Nature.
Die Anschrift der Gesellschaft ist: Heidelberger Platz 3, 14197 Berlin, Germany

Für Dieter Lüdke (1938–2003) und Helga Lüdke (*1940)

Geleitwort

Als Apollo 11 am 21. Juli 1969 auf dem Mond landete, glaubten viele, dass dies der Anfang der Erforschung des Weltraumes war. Aber gut Ding will Weile haben; der Fortschritt in der Raumfahrt nach der Mondlandung war langsam und, zugegebenermaßen, nicht immer spektakulär. Raumfahrt wurde zu einer Technologie für die sich immer weniger Leute interessierten, trotz der Erfolge des Space Shuttles, von Hubble, dem GPS, der Internationalen Raumstation ISS und vieler anderer erfolgreicher Projekte.

Das änderte sich um die Jahrtausendwende, als neue, private Firmen die Entwicklung – in Kooperation mit den traditionellen Organisationen – wieder aufnahmen und vorantrieben. Die Raumfahrt wurde aus ihrem Dornröschenschlaf gerissen und war plötzlich wieder interessant. Und da kommerzielle Firmen kostenbewusst arbeiten müssen, wurde auch nach Wegen gesucht, die Raumfahrt kostengünstiger zu machen. Neue Perspektiven, Technologien und Entwicklungen konzentrierten sich unter anderem auf die Wiederverwertbarkeit, und Raketen so wie Flugzeuge wieder zu verwenden hat weitreichende Konsequenzen.

Die daraus entstandene verbesserte, kostengünstigere Raumfahrt ermöglicht nun Dinge, die bis vor gar nicht so langer Zeit wie Science-Fiction klangen: private Ausflüge in den Orbit, Stationen auf dem Mond, und Menschen auf dem Mars.

Sven Piper's Buch gibt einen Überblick über die Geschichte und Entwicklung der Raumfahrt: von den ersten Ideen, den ersten Kinderschritten, ihren bekannten und weniger bekannten Pionieren, über die Gegenwart, zu einem ausführlichen und durchdachten Blick in die Zukunft. Und die liegt, wie wir alle wissen, im All.

Los Angeles   Hans Koenigsmann
2018

Vorwort

Anthropologen vermuten, dass der Ursprung der Menschheit in Ostafrika liegt und unsere Vorfahren von hier aus in mehreren Auswanderungswellen die anderen Kontinente unseres Planeten besiedelt haben. Was trieb diese Menschen an, die ihnen vertraute Umgebung zu verlassen und sich den Gefahren des Unbekannten zu stellen? Waren es Gebietsstreitigkeiten mit rivalisierenden Stämmen, die Sorge vor den knapper werdenden Ressourcen, klimatische Veränderungen, oder war es Neugier, die sie antrieb, herausfinden zu wollen, was sich hinter dem Horizont verbirgt? War es also Angst oder Abenteuerlust?

Wir wissen es nicht. Aber diese Menschen trotzten den schwierigsten Bedingungen, breiteten sich aus und passten sich ihren Umgebungen an.

Selbst Jahrtausende später stellte die offene See immer noch eine todbringende Gefahr für die meisten Menschen dar. Dennoch hielt dies Pioniere wie Christoph Kolumbus oder auch Ferdinand Magellan nicht davon ab, in kleinen Schiffen über die Meere zu segeln, um neue Völker und Länder zu entdecken. Sie wagten sich weiter auf das offene Meer hinaus als andere, und ihre Namen gingen in die Geschichte ein.

Heute ist unsere Welt von zahlreichen Satelliten kartografiert worden, und unerforscht bleibt auf unserem Planeten allenfalls die Tiefsee. Deswegen wagten wir uns schrittweise weiter vor, und ein Dutzend Menschen betraten, nur 12 Jahre nach dem Beginn der Raumfahrt und nur wenige Jahrzehnte nach dem ersten Flug der Gebrüder Wright, den Mond. Unbemannte Sonden halfen uns dabei, unser Wissen über unser eigenes Sonnensystem zu revolutionieren, und wir entdeckten in unserer direkten Nachbarschaft gigantische Vulkane, tiefe Schluchten und eisbedeckte Monde, die sogar einfache außerirdische Lebensformen beherbergen könnten.

Seit 1995 der erste Planet um einen sonnenähnlichen Stern außerhalb unseres Sonnensystems gefunden wurde, sind zahlreiche neue Welten entdeckt worden und die Entdeckung einer zweiten Erde ist nur noch eine Frage der Zeit.

Zwar gibt es in der Raumfahrt kein Moore'sches Gesetz und Aussagen über zukünftige Entwicklungen sind generell risikobehaftet, dennoch wird der menschliche Forschungsdrang nicht an den Grenzen unseres Sonnensystems haltmachen.

Auch wenn für die aktuelle Generation der Menschheit die Tiefen des Alls noch einen unüberwindlichen Ozean darstellen, werden wir in Zukunft diese Hürde meistern und immer weiter ins All vorstoßen, um neue Entdeckungen zu machen und unseren Platz im Universum zu finden.

Hamm   Sven Piper
08.01.2019

Danksagung

Vielen Dank für Ihre Unterstützung an:

Hans Koenigsmann (SpaceX), **Berndt Feuerbacher** (DLR), **Heinz Stoewer** (OHB), **Rainer Eisfeld** (Universität Osnabrück), **Guy W. Webster** (JPL NASA), **Alan D. Buis** (JPL NASA), **Marc G. Millis** (Tau Zero Foundation), **Martin Tajmar** (Technische Universität Dresden), **Ulrich Walter** (Technische Universität München), **Metin Tolan** (Technische Universität Dortmund), **Miguel Alcubierre** (Nationale Autonome Universität von Mexiko), **Serguei Krasnikov** (Russische Akademie der Wissenschaften), **Franco Ongaro** (ESA), **Manfred Gaida** (DLR), **Alexander Geppert** (Freie Universität Berlin), **Máximo Casas** (DLR), **Albert Liesen** (DLR), **Gary Napier** (Lockheed Martin) und **Hans-Arthur Marsiske**.

Ganz besonders bedanken möchte ich mich für Ihre zahlreichen guten Ratschläge bei **Niels Kaffenberger** (DLR) und **Gerhard Piper**.

Inhaltsverzeichnis

Abkürzungsverzeichnis

ABMA	Army Ballistic Missile Agency
ADELINE	Advanced Expendable Launcher with Innovative engine Economy
Ariane 5ME	Ariane 5 Midlife Evolution
ASTP	Advanced Space Transportation Program
ATV	Automated Transfer Vehicle
BEAM	Bigelow Expandable Activity Module
BFR	Big Falcon Rocket
BPPP	Breakthrough Propulsion Physics Project
CH_4	Methan
CO_2	Kohlenstoffdioxid
COO	Chief Operating Officer
DARPA	Defense Advanced Research Projects Agency
DLR	Deutsches Zentrum für Luft- und Raumfahrt e. V.
Dollar	US-Dollar
DSN	Deep Space Network
EMU	Extravehicular Mobility Unit
ESA	European Space Agency
FTL	Faster Than Light
GEO	Geostationärer Orbit
GIRD	Gruppe zur Erforschung reaktiver Antriebe
GPS	Global Positioning System
GTO	Geotransferorbit
H2020	Horizon 2020
HAVOC	High Altitude Venus Operational Concept
IAF	International Astronautical Federation
ISS	International Space Station

ITAR	International Traffic in Arms Regulations
ITER	International Thermonuclear Experimental Reactor
JAXA	Japan Aerospace Exploration Agency
kN	Kilonewton
kW	Kilowatt
LCROSS	Lunar Crater Observation and Sensing Satellite
LEO	Low Earth Orbit
LH_2	Flüssiger Wasserstoff
LO_x	Flüssiger Sauerstoff
LRO	Lunar Reconnaissance Orbiter
MARSIS	Mars Advanced Radar for Subsurface and Ionosphere Sounding
MIT	Massachusetts Institute of Technology
mW	Milliwatt
NASA	National Astronautic and Space Agency
NERVA	Nuclear Engine for Rocket Vehicle Application
NSTAR	NASA Solar electric propulsion Technology Application Readiness
O_2	Sauerstoff
RTG	Radioisotope Thermoelectric Generator
SABRE	Synergistic Air-Breathing Rocket Engine
SDI	Strategic Defense Initiative
SEP	Solar Electric Propulsion
SEV	Space Exploration Vehicle
SLS	Space Launch System
SPR	Small Pressurized Rover
SSME	Space Shuttle Main Engine
SSTO	Single-Staged-To-Orbit
STS	Space Transportation System
TORU	Teleoperated Rendezvous Control System
ULA	United Launch Alliance
VASIMR	Variable Specific Impulse Magnetoplasma Rocket
VFR	Verein für Raumschifffahrt

Abbildungsverzeichnis

1

Pioniere der Raumfahrt

Menschen stolpern nicht über Berge, sondern über Maulwurfshügel.
Konfuzius (551–479 v. Chr.)

Seit den späten 1950er-Jahren haben wir Sonden zu den Planeten und Monden unseres Sonnensystems geschickt und sind dabei auf viele Rätsel gestoßen. Mehr als einmal mussten wir unser als sicher geltendes Wissen den Fakten anpassen. Wir entdeckten mit dem Marsvulkan Olympus Mons den höchsten Berg und mit dem Jupitermond Io den vulkanisch aktivsten Körper unseres Sonnensystems. Auch die Entdeckung der dünnen Sauerstoffatmosphäre des Saturnmonds Enceladus und die Erkenntnis, dass zumindest einer der Galilei'schen Monde womöglich unter seinem Eispanzer einen Ozean aus flüssigem Wasser besitzen könnte, waren so nicht für möglich gehalten worden – um nur einige der Überraschungen zu nennen, auf die wir bei unseren Expeditionen gestoßen sind. Unsere unbemannten Sonden drangen dabei in die tödliche Magnetosphäre des Jupiters ein und überwanden selbst die Grenzen unseres Sonnensystems.

Während wir uns hinauswagten, um etwas über andere Planeten herauszufinden, lernten wir auch etwas über unsere eigene Welt. Dabei galten solche Raumfahrtmissionen lange Zeit als reine Utopie, und dass heutzutage Menschen nicht nur den Mond betreten haben, sondern darüber hinaus auf der Internationalen Raumstation ISS im Erdorbit leben und forschen, hätte man noch vor 100 Jahren als Träumerei einiger Fantasten abgetan.

Dabei sind diese Ideen nicht neu, denn in vielen Kulturen träumte man seit der Antike von Reisen zum Mond oder zu den Sternen. Einer der ersten war der griechisch-römische Schriftsteller Lukian von Samosata (um 120–180

© Springer-Verlag GmbH Deutschland, ein Teil von Springer Nature 2019
S. Piper, *Space – Die Zukunft liegt im All*, https://doi.org/10.1007/978-3-662-59004-1_1

n. Chr.) in seinen Geschichten „Vera historia" (Wahre Geschichten) und „Ikaromenippus" (Die Luftreise). Später waren es so berühmte Leute wie der Astronom Johannes Kepler (1571–1630) in „Somnium" (Der Traum), welches 1634 von seinem Sohn Ludwig Kepler publiziert wurde, oder der bekannte Philosoph und Schriftsteller Cyrano de Bergerac (1619–1655) in seinem utopischen Roman „Voyage dans la Lune" (1649), die hierüber schrieben (Barth 1991, S. 33–37).

Einen breiteren Leserkreis erreichte der Schriftsteller Jules Verne (1828–1905). Mit seinen beiden Büchern „De la Terre à la Lune" (1865) und „Autour de la Lune" (1870) lenkte er das Interesse der Menschen seiner Zeit auf die Raumfahrt, und nicht wenige Pioniere der Raketentechnik wurden von seinen Werken inspiriert. Einen besonderen Beitrag, aufgrund der wissenschaftlichen Erklärungen – wie das Ändern von Umlaufbahnen und die Anwendung des Rückstoßprinzips –, lieferte Kurt Lasswitz (1848–1910) mit seinem Buch „Auf zwei Planeten" (1897), weshalb sowohl Werner von Braun als auch Eugen Sänger von diesem Werk sehr angetan waren und ferner der Ingenieur Walter Hohmann (1880–1945) zu seiner nach ihm benannten Bahnidee inspiriert wurde, welche er in seinem Buch „Die Erreichbarkeit der Himmelskörper" (1925) postulierte (Barth 1991, S. 38). Auch H. G. Wells (1866–1946), der nicht nur die Science-Fiction-Klassiker „The Time Machine" und „War of the Worlds" schrieb, beschäftigte sich in seinem Werk „The First Men in the Moon" (1901) mit Mondreisen. Ein Jahr später wurde dieses Werk von dem Filmpionier Georges Méliès (1861–1938), in abgewandelter Form, bei der er zudem Elemente von Jules Vernes Werken einfließen ließ, mit dem Titel „Le Voyage dans la Lune" verfilmt. Später war es der Filmemacher Fritz Lang (1890–1976), welcher mit seinem Werk „Frau im Mond" (1929) die Begeisterung für die Raumfahrt schürte. In der Sowjetunion erschien 1936 zudem der Film „Kosmische Reise", an dem Konstantin Ziolkowski beteiligt war und der ebenfalls eine Mondlandung behandelte, allerdings war dieser aufwendig gestaltete Film im Westen lange Zeit praktisch unbekannt.

Die erste detaillierte Abhandlung über Raketen stammt allerdings nicht von einem der üblichen Verdächtigen, sondern ist zwischen 1529 und 1569 entstanden. Autor war der österreichische Rüstmeister Conrad Haas (1509–1576), der in seinem handgeschriebenen Werk über Raketen als Waffen und Feuerwerkskörper schrieb und sich sogar schon mit unterschiedlichen Treibstoffgemischen, Mehrstufenraketen, deltaförmigen Stabilisierungsflossen, glockenförmigen Ausstromdüsen und Raumschiffen, die er als „fliegende Häuschen" bezeichnete, beschäftigte. Entdeckt wurde das *Kunstbuch* allerdings erst 1961 im Staatsarchiv von Hermannstadt, dem Geburtsort von Hermann Oberth (Alisch 2009, S. 22; Barth 1991, S. 30–31; Clary 2003, S. 30).

Bereits um das Jahr 1500 soll zudem der chinesische Abenteurer Wan Hu mit 47 Raketen versucht haben, in den Himmel aufzusteigen – was ihm auch mehr oder weniger gelang, doch hatte er wohl nicht damit gerechnet, dass er dabei in seine Einzelteile zerlegt wird, was geschah, da es nur eine große Explosion gab. Aber immerhin ist heutzutage der Krater *Wan-Hoo* auf der erdabgewandten Seite des Mondes nach ihm benannt.

Die Väter der Raketentechnik

Viele Forscher, Tüftler und Bastler lieferten einen Beitrag und wurden nicht selten für ihren Enthusiasmus und ihre Leidenschaft verhöhnt und belächelt. Da gab es den französischen Luftfahrtpionier Robert Esnault-Pelterie (1881–1957), der bereits im November 1912 den Vortrag „Überlegungen über die Resultate der unbegrenzten Verminderung des Gewichts von Triebwerken" bei der französischen physikalischen Gesellschaft hielt, indem er über die Möglichkeit von Raumflügen redete und durch Experimente bewies, dass der spezifische Impuls der damaligen Raketen ausreichte, um ins Weltall zu gelangen. Bei einem verunglückten Experiment mit einer Flüssigkeitsrakete verlor er vier Finger seiner linken Hand. Im Juni 1927 hielt Esnault-Pelterie einen Vortrag bei der französischen astronomischen Gesellschaft mit dem Titel „Erforschung der oberen Schichten der Atmosphäre mithilfe von Raketen und die Möglichkeit interplanetarer Reisen", der im Jahr 1928 zudem als Buch mit dem Titel „Astronautik" erschien (Rauschenbach 1995, S. 72–73).

Darüber hinaus lieferte der deutsche Hermann Ganswindt (1856–1934) einen Beitrag u. a. mit seinem Plan zum Bau eines „Weltenfahrzeuges", das aus mehreren Pulverraketen bestand und über eine Brennkammer mit Ausstromdüse verfügte. Ferner beschrieb er schon, wie eine künstliche Schwerkraft durch Rotation des Raumschiffs erzeugt und somit die Schwerelosigkeit aufgehoben werden könnte. Da Ganswindt für seine zahlreichen bahnbrechenden Ideen zur Luft- und Raumfahrt aber mehr Spott als Anerkennung bekommen hat, ist von Hermann Oberth folgender Satz überliefert: *„Die Deutschen haben ein eigentümliches Geschick, große Männer hervorzubringen und sie dann untergehen zu lassen."* (Barth 1991, S. 38–39).

Konstantin E. Ziolkowski – Der taube Lehrer

Konstantin Ziolkowski (1857–1935) war Lehrer für Mathematik und Physik und leistete mit seinen Werken Pionierarbeit auf dem Gebiet der Raketentechnik. Er gilt heute als ein Visionär der Raumfahrt, dessen Wirken im russischen Zarenreich aber lange Zeit wenig Beachtung geschenkt worden ist.

In seiner Wohnung baute er den ersten Windkanal Russlands und entwickelte die theoretischen Grundlagen für viele Dinge, die erst Jahrzehnte später realisiert wurden. Von ihm stammt nicht nur die Idee eines Weltraumturms, sondern er befasste sich schon mit Luftschleusen, Weltraumanzügen, Außenbordeinsätzen, geschlossenen Ökosystemen und der Gewinnung von Nahrung und Sauerstoff im All.

Leider erkrankte Ziolkowski bereits mit 10 Jahren an Scharlachfieber und verlor deswegen sein Gehör. Außerdem musste er in jungen Jahren den Verlust seiner Mutter verkraften und zudem mit 14 die Schule verlassen. Dies hinderte ihn aber nicht daran, inspiriert durch die Werke von Jules Verne von Weltraumreisen zu träumen. Er bildete sich fortan selbst weiter, angetrieben von einem unstillbaren Wissensdurst.[1]

Zeit seines Lebens hatte er immer wieder mit herben Rückschlägen zu kämpfen. 1902 begann sein Sohn Selbstmord und 1908 wurde bei einem Hochwasser des Flusses Oka sein Haus überflutet und viele seiner wissenschaftlichen Arbeiten zerstört.[2]

Sein meist beachtetes Werk wurde im Mai 1903 unter dem Titel „Die Erforschung des Weltalls durch reaktive Geräte" veröffentlicht. Darin beschreibt Ziolkowski nicht nur die Raketengrundgleichung, sondern auch schon eine Flüssigkeitsrakete, welche flüssigen Wasserstoff und Sauerstoff als Treibstoff verwenden sollte. Des Weiteren erkannte er, dass der Brennstoff und das Oxidationsmittel in verschiedenen Behältern aufbewahrt werden müssen und erst in der Brennkammer zusammengeführt werden sollten (Rauschenbach 1995, S. 226).

In anderen Schriften schlug er Jetantriebe für das Reisen im Vakuum des Alls vor und schrieb bereits über die Verwendung von Gyroskopen zur Lagestabilisation oder dass man mit Zentrifugen die Effekte der Gravitation auf den lebenden Organismus erforschen könnte (Harford 1997, S. 12–13).

Ziolkowski korrespondierte zudem mehrmals mit Hermann Oberth, vertrat die Auffassung, dass die Menschheit nur überleben wird, wenn sie eine Weltraumzivilisation wird und schrieb mehrere Science-Fiction-Werke über interplanetare Reisen sowie die Kolonisierung des Sonnensystems und darüber hinaus.[3]

---

[1] https://www.nasa.gov/audience/foreducators/rocketry/home/konstantin-tsiolkovsky.html (26.11.2018).
[2] https://www.britannica.com/biography/Konstantin-Eduardovich-Tsiolkovsky (26.11.2018).
[3] http://www.nmspacemuseum.org/halloffame/detail.php?id=27 (15.08.2018).

Heutzutage trägt ein Mondkrater auf der erdabgewandten Seite seinen Namen. Sein Grab ziert folgende Inschrift: *„Der Mensch wird sich auf Dauer nicht mit der Erde begnügen – sein Drang nach Licht und Weite wird ihn die Fesseln der Atmosphäre sprengen lassen; zuerst wird er zögernd und schüchtern zu Werke gehen, doch dann wird er das ganze Sonnensystem erobern."* (Siefarth 2001, S. 105).

Robert Goddard – Der Pragmatiker

Da er in jungen Jahren von seinem Vater ein Teleskop und ein Abonnement der Zeitschrift *Scientific American* geschenkt bekommen hatte und insbesondere von H. G. Wells „War of the Worlds" angeregt wurde, beschäftigte sich Robert Goddard (1882–1945, Abb. 1.1) schon als Schüler mit den Problemen des Raumflugs und grübelte über eine Reise zum Mars. Da er nicht mit bester Gesundheit ausgestattet war, las er unheimlich viel und tüftelte zunächst an verschiedenen Konzepten.

Im Jahr 1908 erlangte er seinen Bachelor Abschluss am Worcester Polytechnic Institute und promovierte bis 1911 an der Clark University. Doch seine Karriere wurde kurz darauf unterbrochen, da er im Jahr 1913 ernsthaft an Tuberkulose erkrankte. Zwar erholte er sich mit der Zeit wieder, aber die Krankheit hatte ihn seine Sterblichkeit bewusst gemacht und deshalb fokussierte er sich seitdem auf seine Arbeit.

Die Raketen zu seiner Zeit verwandelten lediglich 2 % ihrer Energie in Schub, während ein von ihm entwickeltes Kammer-Düsen-System, das er im Juli 1914 zum Patent anmeldete, fast zehnmal so viel Schub lieferte. Hieraus entwickelte er die Idee, flüssige Treibstoffe zu verwenden und gilt deshalb im Westen als Vater der Flüssigkeitsrakete (Clary 2003, S. 44–45).

Darüber hinaus sollten 213 weitere Patente, die sich allein mit dem Raketenbau beschäftigten, in den nächsten Jahren folgen, allerdings wurden viele dieser Patente erst nach seinem Tod genehmigt.

Im Jahr 1919 publizierte Goddard die Abhandlung „Methoden des Erreichens extremer Höhen"[4], welche ein Leitfaden der früheren Raketenforschung in den USA wurde und auch in Europa sehr bekannt wurde (Braun und Ordway 1979, S. 128).

Er setzte zudem die theoretischen Arbeiten von Ziolkowski in die Praxis um. So führte er die Kreiselsteuerung in die Raketentechnik ein, erdachte

---

[4]http://www2.clarku.edu/research/archives/pdf/ext_altitudes.pdf (20.08.2017).

Abb. 1.1   Robert Goddard vor einer selbstgebauten Flüssigtreibstoff-Rakete

ein Triebwerk mit Turbopumpenförderung und entwickelte ein regenerativ gekühltes Triebwerk, bei dem die Kühlung über den tiefkalten Treibstoff erfolgt (Braun und Ordway 1979, S. 128).

Im März 1926 führte er praktische Versuche durch und startete die erste Flüssigkeitsrakete von der Farm seiner Tante in Auburn, Massachusetts. Ferner träumte er bereits in den 1930er-Jahren von einer Reise zum Mond, und dies traf insbesondere bei der damaligen Presse auf wenig Gegenliebe, welche ihn als Sonderling beschrieb. Dennoch wurde er zeitweise von den Guggenheims und Charles Lindbergh unterstützt.[5]

Allerdings hatte er Schwierigkeiten, langfristig potente Geldgeber zu finden, da im August 1933 sowohl die US Navy als auch 1940 das US Army Air Corps ablehnte seine Forschungen zu finanzieren, auch wenn er zwischen den beiden Weltkriegen zu den berühmtesten amerikanischen Wissenschaftlern gehörte und öfter auf den Titelblättern auftauchte als etwa Albert Einstein (Clary 2003, Introduction).

Im August 1945 starb er an Kehlkopfkrebs. Heute ist das Goddard Space Flight Center der NASA nach ihm benannt, und am 16. Juli 1969, kurz vor der bemannten Mondlandung, korrigierte die *New York Times* eine verhöhnende Pressemitteilung über Robert Goddard vom 13. Januar 1920, in der unter anderem gespottet wurde, dass jedes Kind wisse, dass Raketen im Vakuum des Alls nicht funktionieren.[6]

Hermann Oberth – Der Optimist

Hermann Oberths (1894–1989, Abb. 1.2) ursprünglicher Beruf war der eines Studienrates an einem Gymnasium, doch er ebnete mit seinen Büchern den Weg für die Raumfahrt. Dabei hatte Oberth zunächst auf Wunsch seines Vaters mit einem Medizinstudium angefangen, musste dies aber aufgrund des Ersten Weltkriegs unterbrechen, in dem er auch verwundet wurde.

Eine Herausforderung für Oberth war es, dass er in Siebenbürgen im damals österreichisch-ungarischen Kaiserreich geboren wurde, das nach dem Ersten Weltkrieg aber Rumänien zugesprochen worden ist, sodass er die rumänische Staatsbürgerschaft besaß. So musste er mehrmals die Hochschule wechseln, da er als Ausländer in Bayern nach dem Ersten Weltkrieg keine Wohnung mieten durfte, und so kam es, dass Oberth an beiden Münchner Hochschulen immatrikuliert war, doch dort nicht weiterstudieren konnte und erst in Göttingen und letztendlich in Heidelberg landete (Rauschenbach 1995, S. 50–51).

Darüber hinaus musste er viele Rückschläge verkraften und damit klarkommen, dass er häufig von „Experten" herablassend behandelt wurde, die zwar viele akademische Titel innehatten, ihm aber fachlich nicht das Wasser reichen konnten (Rauschenbach 1995, S. 15). Außerdem litt er als Familienvater häufig unter Geldmangel.

---

[5]https://www.nasa.gov/centers/goddard/about/history/dr_goddard.html (15.08.2018).

[6]https://www.forbes.com/sites/kionasmith/2018/07/19/the-correction-heard-round-the-world-when-the-new-york-times-apologized-to-robert-goddard/#3326c3324543 (26.11.2018).

S. Piper

Abb. 1.2 Hermann Oberth (links) mit Wernher von Braun

In den 1920er-Jahren grassierte in Deutschland das Raumfahrtfieber, und Hermann Oberth lieferte dazu seinen Beitrag. Insbesondere mit seinen Büchern „Die Rakete zu den Planetenräumen" (1923) und „Wege zur Raumschifffahrt" (1929) legte er die theoretische Grundlage für die Raumfahrt. Dabei war „Die Rakete zu den Planetenräumen" eigentlich eine Doktorarbeit, die aber als Dissertation nicht zugelassen wurde, da sie in kein bekanntes Schema passte. Der bekannte Astronom Max Wolff schrieb hierüber jedoch ein positives Gutachten und gab Oberth den Tipp, diese als Buch zu veröffentlichen. Doch fand sich lange Zeit kein Verlag, der einen unbekannten Autor und seine Fantastereien verlegen wollte – übrigens traf dieses Schicksal auch andere Pioniere wie Konstantin Ziolkowski oder Juri W. Kondratjuk (1897–1942). Ein Freund von Oberth half ihm schließlich, einen Verlag zu finden, welcher sich aber nur unter der Bedingung, dass Oberth die Druckkosten zahlen sollte, dazu bereit erklärte. Oberth selbst konnte dieses Geld nicht aufbringen, doch hatte Oberths Frau sich etwas Geld förmlich vom Mund abgespart, sodass sie ihren Mann unterstützen konnte (Rauschenbach 1995, S. 53–55).

Im Buch „Wege zur Raumschifffahrt" beschreibt Oberth sogar schon das Ionentriebwerk und die Idee, die Sonne als Quelle für die Bordenergie zu nutzen – wenn auch nicht über Solarmodule, sondern über eine indirekte Methode, bei der ein spezieller Spiegel die Sonnenstrahlen auf einen Dampfkessel fokussiert und der Dampf eine Turbine antreibt (Rauschenbach 1995, S. 80–81).

Auch wenn viele Zeitgenossen seine Bücher für Fantasterei hielten, hinterließen diese einen bleibenden Eindruck, und nicht nur Wernher von Braun gab an, dass diese Bücher ihn zutiefst fasziniert hätten. Außerdem sorgten die spektakulären Versuchsfahrten von Max Valier mit Raketenautos für eine große Resonanz des Themas in der Öffentlichkeit (Weyer 1999, S. 15).

Für Fritz Langs Film „Die Frau im Mond" fungierte Oberth 1929 als wissenschaftlicher Berater, und der Regisseur führte mit diesem Film die Countdown-Zählweise ein. Zur Filmpremiere sollte Oberth eine Rakete starten lassen, welche 40 km hoch steigen sollte – ein Unterfangen, das aufgrund der technischen Möglichkeiten zur damaligen Zeit vollkommen unrealistisch war, dennoch beharrte die Werbeabteilung des Filmstudios darauf. Zusammen mit Rudolf Nebel führte Oberth ein paar praktische Experimente durch, doch noch vor der Filmpremiere verließ Oberth das aussichtslose Projekt wegen Geldstreitigkeiten mit der Filmproduktionsfirma UFA. Dennoch war diese Tätigkeit sehr wertvoll, denn Oberth erfand dabei „seine" Kegeldüse, genauer gesagt einen kegelförmigen Raketenmotor für Alkohol und flüssigen Sauerstoff (Rauschenbach 1995, S. 15, 100).

Bei Experimenten mit diesem kam es eines Tages zu einer heftigen Explosion, die Oberth durch die Werkstatt schleuderte und sein Trommelfell platzen ließ.

Seine späteren beruflichen Stationen führten ihn während des Krieges nach Peenemünde und später auf Betreiben seines Schülers Wernher von Braun nach Huntsville, Alabama.

Hermann Oberth hielt es für möglich, dass sich hinter dem UFO-Phänomen außerirdische Besucher verbergen und war – ebenso wie Eugen Sänger – davon überzeugt, dass Außerirdische in der Vergangenheit auf der Erde gelandet waren und dass Göttersagen und Himmelsmythen davon zeugen (Waxmann 1978, im Vorwort von Hermann Oberth; Sänger 1958, S. 124–125; 1963, S. 14–15).

Von Braun und Koroljow – Das Duell der Giganten

Wernher von Braun

„Wir haben Raketen nicht erdacht und gebaut, um unseren Planeten mit ihnen zu zerstören, sondern um andere Planeten mit ihnen zu erreichen."

Für das *Time* Magazin war Wernher von Braun (1912–1977, Abb. 1.3) einer der wichtigsten Menschen des letzten Jahrhunderts, ein Symbol für die westliche Raumfahrt. Andere hingegen sahen in ihm einen Kriegsverbrecher, der es verdient gehabt hätte, bei den Nürnberger Prozessen auf der Anklagebank zu sitzen. Er gehörte zu den Pionieren der Raketenforschung und war zu Zeiten des Zweiten Weltkriegs leitender Ingenieur auf dem Raketenforschungsgelände in Peenemünde. Unter seiner Leitung entstand im Zweiten Weltkrieg das Aggregat 4, welches besser bekannt ist unter der Bezeichnung V2 – was für „Vergeltungswaffe 2" steht. Noch vor Kriegsende nahm er Kontakt zu dem amerikanischen Militär auf, arbeitete nach dem Krieg in den USA und entwickelte die Mondrakete Saturn V.

Noch im Jahr 2003 wurde im Zuge einer Umfrage zur hundertjährigen Geschichte des ersten Motorfluges der amerikanischen Zeitschrift *Aviation Week and Space Technology* Wernher von Braun auf den zweiten Platz unter den „100 Stars of Aerospace" gewählt, gleich hinter den Gebrüdern Wright und noch vor Robert Goddard. Zudem wird noch heute in ungeraden Jahren der *Wernher von Braun Memorial Award* der National Space Society (NSS) für bedeutende Management- und Leadership-Leistungen bei Raumfahrtprojekten verliehen. Im Jahr 2009 bekam diesen Elon Musk, 2017 Johann-Dietrich Wörner.

Dabei ist es für die heutige Generation von Menschen schwierig, die technische Leistung zu würdigen, ohne auf die Schattenseiten einzugehen. Man kann ihn sicherlich als Opportunisten beschreiben, der keinerlei Skrupel hatte, seine Fähigkeiten zunächst dem Heereswaffenamt und nach der Machtergreifung auch den Nazis zur Verfügung zu stellen und für den es beim Bau der V2 nur technische, aber keine moralischen Probleme gab.

Der Satiriker und Mathematiker Tom Lehrer brachte diesen Opportunismus durch einen Songtext zum Ausdruck: *„Once the rockets are up, who cares where they come down, that's not my department, says Wernher von Braun."*

Dabei sah es lange Zeit nicht danach aus, dass er eine so bedeutende Rolle in der Geschichte der Raumfahrt spielen sollte. Wernher Magnus

Abb. 1.3 Wernher von Braun vor der Saturn V

Maximilian von Braun wurde am 23. März 1912 in der Stadt Wirsitz in der Provinz Posen geboren. Zwar entwickelte er schon in jungen Jahren eine Leidenschaft für Raketen, und bereits mit 17 Jahren schrieb er eine Science-Fiction-Geschichte mit dem Titel „Lunetta" – in der zwei gestrandete Polarforscher von einem Raketenflugzeug gerettet und zu einer Weltraumstation gebracht werden. Diese Raumstation war in der Geschichte mit einem 350 m großen Spiegel ausgestattet, mit dem man das Sonnenlicht bündeln und das Wetter auf der Erde beeinflussen konnte (Weyer 1999, S. 7–8).

Doch aus seiner Schulzeit am französischen Gymnasium in Berlin ist bekannt, dass er öfter den Physik- und Mathematikunterricht schwänzte, um zu Hause zu basteln. Einmal konstruierte er ein Raketenauto, indem er Feuerwerkskörper auf einen Bollerwagen montierte und sorgte dadurch für „Angst und Schrecken" in der Tiergartenallee. Da ihm eine Nichtversetzung wegen schlechter Leistungen in Mathematik und Physik drohte, wurde Wernher von Braun mit 13 Jahren zunächst auf das Hermann-Lietz-Internat auf Schloss Ettersburg in der Nähe von Weimar, später auf das auf Spiekeroog geschickt, wo er im April 1930 die Abiturprüfung ablegte (Weyer 1999, S. 7–8; Neufeld 2008, S. 21–29).

Erst als er das Buch „Die Rakete zu den Planetenräumen" von Hermann Oberth aus dem Jahr 1923 bekam (für dessen dritte Ausgabe von 1960 er später das Vorwort verfasste) und Schwierigkeiten hatte, die vielen mathematischen Formeln zu verstehen, entwickelte er den Ehrgeiz, seine mathematischen Leistungen zu verbessern (Neufeld 2008, S. 24).

Später verfasste er einige Manuskripte, in denen er sich z. B. in „Zur Theorie der Fernrakete" mit einer Mondreise beschäftigte, und agierte als Teamleiter beim Bau eines kleinen Observatoriums. Im Jahr 1930 wurde er Mitglied im 1927 gegründeten Verein für Raumschifffahrt (VfR) und schrieb sich nicht nur an der Technischen Hochschule Berlin ein, sondern arbeitete auch auf dem Raketenflugplatz Berlin, wo er und einige andere Enthusiasten erste Versuche mit Flüssigkeitsraketenmotoren machten (Weyer 1999, S. 13–15).

Im Sommersemester 1931 studierte von Braun an der ETH Zürich und führte in seiner Studentenbude Experimente mit Mäusen durch, die auf einer Fahrradfelge so lange im Kreis herumgeschleudert wurden, bis sie verendeten (Weyer 1999, S. 19–20).

Im April 1934 reichte er seine Dissertation mit dem Titel „Konstruktive, theoretische und experimentelle Beiträge zu dem Problem der Flüssigkeitsrakete" ein, welche aber der Geheimhaltung unterlag und erst 1960 veröffentlicht wurde (Weyer 1999, S. 26).

Im Mai 1937 wurde die Heeresversuchsanstalt Peenemünde eröffnet und von Braun wurde deren Technischer Direktor. Durch seinen Führungsstil, der je nach Situation mal kollegial, mal autoritär war, bei dem von Braun aber nie einen seiner Mitarbeiter angebrüllt hat, gelang es von Braun in Peenemünde eine verschworene Gemeinschaft zu formen, die gewaltige technologische Durchbrüche in der Raketentechnik erzielte. Am 3. Oktober 1942 erreichte zum ersten Mal eine Rakete die Grenze zum Weltraum (Weyer 1999, S. 90).

Von Braun war ab 1937 NSDAP- und ab 1940 SS-Mitglied. Dabei war es nicht so, dass man ihm die Pistole auf die Brust gesetzt hat, sondern er hatte die Wahlmöglichkeit, von Braun entschied sich aber wohl aus Opportunismus dazu, das Angebot anzunehmen, um bei der Ressourcenzuteilung bevorzugt zu werden.[7]

Am 8. Juli 1943 führten von Braun und Walter Dornberger Hitler persönlich einen Film vom erfolgreichen Start einer V2 vor, worauf dieser begeistert reagierte und von Braun zum Professor ernannte.

Dennoch sprach er immer wieder von der friedlichen Nutzung der von ihm entwickelten Raketen und wurde deswegen 1944 auf Betreiben Heinrich Himmlers von der Gestapo für zwei Wochen verhaftet. Erst durch die Intervention von Albert Speer und Walter Dornberger konnte seine Freilassung erreicht werden.

Nach einem britischen Bombenangriff auf Peenemünde in der Nacht vom 17. zum 18. August 1943 hatte von Braun den Mut, in sein brennendes Haus zu rennen, um die wichtigsten Akten zu retten, doch ist nicht überliefert, dass er auch den Mut gehabt hätte, sich für die vielen Zwangsarbeiter einzusetzen, die unter katastrophalen Bedingungen die V2 fertigen mussten. Allerdings ist überliefert, dass Werner von Braun sich schriftlich für den französischen Physikprofessor Charles Sadron (1902–1993) einsetzte und versuchte, gewisse Erleichterungen für ihn zu erreichen (Eisfeld 2012, S. 137).

Die V2 war wohl das einzige Waffensystem in Serienproduktion, dessen Herstellung viel mehr Menschenleben gekostet hat als sein Einsatz. Besonders tragisch war, dass die meisten Toten des Bombenangriffs KZ-Häftlinge waren, die seit Juni 1943 zur Fertigung der Raketen in Peenemünde eingesetzt wurden. Danach verlegte man die Produktion der Raketen in unterirdische Anlagen im Harz, wodurch sich die Bedingungen für die Häftlinge noch einmal verschlechterten.

Nach dem Krieg erklärte von Braun zunächst, dass er vom Leid der KZ-Häftlinge nichts gewusst habe, was ihm aufgrund seiner Position und der katastrophalen Zustände aber schon damals niemand geglaubt hat, und erst 1969 machte er Äußerungen dahingehend, dass ihn das Leid der KZ-Häftlinge belastet habe und dass er sich schäme, dass so etwas in Deutschland möglich war.

Nach dem Krieg wurde von Braun gelegentlich wegen der V2-Raketen, die vornehmlich auf London und Antwerpen abgeschossen wurden, kritisiert. Er selbst sagte einmal: *„Die Wissenschaft hat keine moralische Dimension. Sie ist wie ein Messer. Wenn man es einem Chirurgen und einem Mörder gibt, gebraucht es jeder auf seine Weise."*

---

[7]Diskussion mit Prof. Rainer Eisfeld am 27.08.2018.

Doch 1952 bekannte er im *American Magazine* öffentlich: „*Als deutscher Wissenschaftler unter Hitler war ich verantwortlich für das V2-Programm, in dem die tödlichen Raketenwaffen geschaffen wurden, mit denen die Nazis gegen Ende des Krieges ihre Gegner terrorisierten.*" (Weyer 1999, S. 25).

Nachdem die bemannte Mondlandung geglückt war, freute sich Werner von Braun insbesondere über ein Telegramm des britischen Politikers Duncan Sandys, welcher nicht nur Churchills Schwiegersohn, sondern im Zweiten Weltkrieg für den Schutz der Zivilbevölkerung vor den deutschen Raketenangriffen verantwortlich war. Dieser schrieb: „*Herzliche Glückwünsche für Ihren großen Beitrag, den Sie zu dieser geschichtlichen Tat geleistet haben.*" (Ruland 1969, S. 33).

Am 12. Oktober 1951 fand im Hayden-Planetarium in New York ein Symposium statt, das eine große öffentliche Resonanz fand. 1952 veröffentlichte von Braun im *Collier's* Magazine die Idee einer dreistöckigen, ringförmigen Raumstation mit einem Durchmesser von 75 m, die durch Rotation um die eigene Achse auch Schwerkraft simulieren konnte.[8] Im Buch „Eroberung des Weltraums", das von Braun zusammen mit Willy Ley geschrieben hat, präzisierte er seine Idee einer Weltraumstation. Er sah diese als „*Sprungbrett für die Weltraumforschung*", aber ebenso als „*wirksamen Atombombenträger*" (Braun und Ley 1958, S. 51), um „*Kriege erfolgreich zu verhindern*" (Braun und Ley 1958, S. 56). Interessant ist zudem, dass von Braun immer davon ausgegangen ist, dass alles bemannt erfolgen müsste, da es seiner Auffassung nach keine automatische Steuerung durch ein elektronisches Gehirn geben konnte, da man dies „*niemals wird konstruieren können*" (Braun und Ley 1958, S. 55).

1955 drehte er zudem den Walt-Disney-Film „Der Mensch im Weltraum", und später die beiden Filme „Der Mensch und der Mond" sowie „Der Mars und weiter". Dies führte dazu, dass von Braun zu einer bekannten Person in den USA wurde und seine Autogramme bei Schülern fast so beliebt wurden wie die von Elvis Presley (Weyer 1999, S. 98). Zudem bezeichnete ihn die Illustrierte *Life* im Jahr 1957 als „*Seher des Alls*" und das Männermagazin *True* bezeichnete ihn zwei Jahre später gar als „*Kolumbus des Weltraums*" (Eisfeld 2012, S. 31).

Im Jahr 1965 veröffentlichte er einen Aufsatz mit dem Titel „Die Erforschung der Planeten in den nächsten 20 Jahren". Darin träumte er von bemannten Rundflügen zur Venus ab 1975 und zum Mars 1978 sowie einer bemannten Marslandung für das Jahr 1982. Später sollte sogar eine bemannte Marsstation folgen. Als Grund hierfür nannte er, „*dass wir nicht*

---

[8]https://science.nasa.gov/science-news/science-at-nasa/2000/ast26may_1m/ (09.08.2017).

aufhören dürfen, die Sphären unserer Aktivität zu erweitern" und dass wir uns aufgrund der Bevölkerungsexplosion neue Siedlungsräume erschließen müssen (Weyer 1999, S. 136). Außerdem schrieb er im Buch „Space Frontier" von 1967 (deutsche Version: „Bemannte Raumfahrt", 1968) über den Einsatz von Weltraumfabriken, in denen insbesondere in der Metallurgie ohne Gravitation völlig neue Wege beschritten werden könnten.

Zu Zeiten des Apollo-Projektes arbeiteten etwa 400.000 Menschen im Raumfahrtprogramm der USA – davon aber nur etwa 5 % direkt bei der NASA –, und dennoch leisteten er und sein Team einen entscheidenden Beitrag. Denn unter seiner Leitung entstand nicht nur die Redstone-Raketenfamilie, welche zwar die erste Atomwaffenträgerrakete der USA war, darüber hinaus aber den ersten amerikanischen Satelliten und den ersten Astronauten ins All brachte, sondern vor allem die Mondrakete Saturn V, welche jahrzehntelang die leistungsstärkste Rakete der Welt war.

Er war zweifellos nicht nur ein bedeutender Ingenieur, sondern auch ein talentierter Manager. Nachdem ein Techniker eingeräumt hatte, bei einer Rakete, die außer Kontrolle geraten war, möglicherweise einen Kurzschluss verursacht zu haben, schenkte von Braun diesem eine Flasche Champagner, denn durch dieses Eingeständnis konnten kostspielige Konstruktionsänderungen vermieden werden.

Sergej Koroljow

> *„Je einfacher eine Konstruktion ist, desto genialer ist sie. Kompliziert bauen kann jeder."*

Sein Name war in der Sowjetunion ein Staatsgeheimnis, und nur wenige Menschen wussten zu seinen Lebzeiten, woran Sergej Koroljow (1907–1966) arbeitete und wer er war. Lediglich unter dem Pseudonym „Prof. K. Sergeev" durfte er gelegentlich in der Zeitung *Prawda* schreiben (Harford 1997, S. 3). Amerikanische Geheimdienstler nannten den unbekannten Konstrukteur deswegen „Integral", nach der Rakete aus dem berühmten Science-Fiction-Roman „Wir" des russischen Schriftstellers Jewgenij Samjatin (1884–1937) – in dem die Menschen in einer dystopischen Gesellschaft leben, keine Namen, sondern lediglich Nummern tragen und ihrer individuellen Freiheit und Fantasie beraubt werden.

Außerdem wird die Geschichte erzählt, dass die schwedische Akademie der Wissenschaften, welche die Nobelpreise vergibt, bei der sowjetischen Führung nachgefragt habe, wer für den Erfolg von Sputnik verantwortlich gewesen sei. Worauf der sowjetische Präsident Chruschtschow sagte, dass die sowjetische Bevölkerung diese Leistung vollbracht habe.[9]

Bereits Anfang der 1930er-Jahre arbeitete Koroljow an der Raketentechnik. Ähnlich wie in Deutschland wurde in der Sowjetunion eine kleine Vereinigung von Raumfahrtenthusiasten gegründet. Zunächst sammelte man sich im Büro zur Erforschung reaktiver Antriebe (BIRD), aus dem ab November 1933 die Gruppe zur Erforschung reaktiver Antriebe (GIRD) hervorging, deren Leiter Koroljow wurde. Unter diesen Enthusiasten waren so talentierte Leute wie Friedrich A. Zander (1887–1933), der 1932 das Buch „Probleme des Fluges mithilfe reaktiver Apparate" veröffentlichte (Rauschenbach 1995, S. 237).

Sergej Koroljow wird, wie von Braun, als ein charismatischer Anführer beschrieben, der von seinen Leuten absolute Loyalität verlangt hat und einen autoritäreren Führungsstil gepflegt hat (Harford 1997, S. 1). Er pflegte zudem am Ende von Diskussionsrunden Folgendes zu sagen: *„Finden wir eine Kompromisslösung – machen wir es so, wie ich es sage."* Boris Rauschenbach, der Jahrzehnte in der sowjetischen Raumfahrt, darunter viele Jahre unter Koroljow, gearbeitet hat, charakterisierte ihn als „Feldherrn" mit großen organisatorischen und strategischen Fähigkeiten, der aber knallhart bei der Durchsetzung seiner Entscheidungen war (Rauschenbach 1995, S. 239–240) und dabei wohl auch ein stürmisches Temperament hatte. Fehler, durfte sich kein Mitarbeiter leisten (Harford 1997, S. 3–4). Gute Arbeit belohnte er dagegen mit Geld aus seinem Tresor, über das er frei verfügen konnte.

Koroljow wurde u. a. von Walentin P. Gluschko (1908–1989) während der Zeit des *Großen Terrors* denunziert und deswegen am 27. Juni 1938 in den Morgenstunden verhaftet, ohne sich von seiner Familie verabschieden zu können (Harford 1997, S. 49). Gluschko, der drei Monate zuvor verhaftet worden war, war ebenfalls ein sehr talentierter Ingenieur und ein Rivale von Koroljow.

Ohne Prozess wurde Koroljow ins Gefängnis gebracht und dort gefoltert. Anschließend wurde er mehrere Jahre in Gulags inhaftiert: zunächst in Ostsibirien, in den berüchtigten Lagern der Kolyma-Region, die eine Häftlingssterberate von etwa 30 % hatten, und später in verschiedenen *Sharashka*, welche ebenfalls zum Gulag-System gehörten, in denen aber vorwiegend Forschungs- und Entwicklungsaufgaben durchgeführt wurden. Erst im Juni 1944 wurde er Dank der Initiative des Flugzeugkonstrukteurs Andrei N. Tupolew wieder freigelassen. Dieser war zuvor ebenfalls bei der Säuberungswelle ver-

---

[9]http://www.spiegel.de/spiegel/print/d-53060297.html (19.12.2011).

haftet, aufgrund des Überfalls der Wehrmacht auf die Sowjetunion aber vorzeitig begnadigt worden. Doch hatte Koroljow zeitlebens mit gesundheitlichen Problemen zu kämpfen, die durch die Inhaftierung ausgelöst wurden. So hatte er z. B. alle seine Zähne verloren.

Nach dem Zweiten Weltkrieg wurde er nach Berlin beordert, um das deutsche Raketenprogramm zu studieren und Mitarbeiter Wernher von Brauns ausfindig zu machen. Doch anders als den USA, welche sich zunächst bei dem Projekt *Overcast* (bedeckt, bewölkt) und später bei der Operation *Paperclip* (Büroklammer) die Expertise und die Zusammenarbeit der Crème de la Crème der deutschen Raketenforscher gesichert hatten, gingen den Sowjets nur wenige großen Fische ins Netz wie Helmut Gröttrup – der die Lenk- und Steuersysteme der V2 entwickelt hatte. Außerdem verschleppten sie die deutschen Forscher samt ihrer Familien gegen ihren Willen in einer Nacht-und-Nebel-Aktion in die Sowjetunion, von wo sie erst nach Stalins Tod wieder zurückkehrten, und schöpften nur deren Wissen ab, ohne diese an der Weiterentwicklung der Raketenforschung zu beteiligen (Harford 1997, S. 76).[10]

Um die sowjetische Mondrakete N1 mit leistungsstarken Triebwerken auszustatten, hätte Koroljow mit dem Leiter der Triebwerksentwicklung Gluschko zusammenarbeiten müssen, also dem Menschen, der ihn denunziert hatte.

Im Januar 1966 wurde er in ein Moskauer Krankenhaus eingeliefert, um sich schmerzende Hämorrhoiden entfernen zu lassen, doch dabei entdeckten die Ärzte einen Tumor im Dickdarm. Wenige Tage später starb er bei einer Operation an Herzversagen. Sein Tod war ein schwerer Rückschlag für das sowjetische Raumfahrtprogramm, und ohne ihn war das Wettrennen zum Mond entschieden.

Von Braun vs. Koroljow

Sowohl von Braun als auch Koroljow arbeiteten für totalitäre Regime und größenwahnsinnige Machthaber. Beide bekamen in unterschiedlichem Maße Probleme mit den Sicherheits- und Unterdrückungsapparaten dieser Regime (von Braun wurde von der Gestapo verhaftet, Koroljow vom NKWD). Beide entwickelten Atomraketen für die Supermächte des kalten Krieges, auch wenn sie eigentlich viel lieber bemannt zum Mars geflogen wären. Beide waren ihrer Zeit voraus und verstanden es, die Mächtigen zu umgarnen, um

---

[10]http://www.spiegel.de/wissenschaft/weltall/0,1518,507961,00.html (21.11.2011).

die notwendige finanzielle Unterstützung für ihre Projekte zu bekommen, und beide scharten außerordentlich talentierte Leute um sich. Allerdings war Koroljow nur Opfer, von Braun aber auch Täter, da er keine Skrupel hatte, auf das Zwangsarbeitersystem des NS-Regimes zurückzugreifen, um „Ressourcen" für seine Projekte zu bekommen (Eisfeld 2012, S. 25).

Da beide keine Probleme hatten, nach dem verheerenden Zweiten Weltkrieg Massenvernichtungswaffen zu bauen, könnte man beide als skrupellose Technokraten beschreiben, doch dies würde ihnen nicht gerecht werden, wie der Vergleich mit einer anderen berühmten Persönlichkeit zeigt – dem Universalgenie Leonardo da Vinci. Dieser malte nicht nur berühmte Gemälde wie die Mona Lisa oder beschäftigte sich mit der menschlichen Anatomie und der Ingenieurskunst, sondern stand zudem im Dienst blutrünstiger Tyrannen wie Cesare Borgia. Auch ein da Vinci entwickelte ausgefeilte Waffensysteme und fertigte im „Codice Atlantico" sogar Zeichnungen von Raketen an, und dies trotz einer pazifistischen Gesinnung (Braun und Ordway 1979, S. 21.) Leonardo da Vinci sagte einmal dazu: *„Um das Hauptgeschenk der Natur, nämlich die Freiheit, zu bewahren, erfinde ich Angriffs- und Verteidigungsmittel für den Fall, dass wir von ehrgeizigen Tyrannen bedrängt werden."* (Klein 2011, S. 88–90).

Deswegen ist es schwierig, von Braun und Koroljow richtig einzuschätzen. Beide lebten für ihre Arbeit und prägten mit ihrem Handeln den Beginn der Ära der Raumfahrt, denn auch in Zukunft wird man sich noch an den ersten Menschen im Weltraum und den ersten Menschen auf dem Mond erinnern und daran, wer dafür verantwortlich war.

Eugen Sänger – Der Fantast

Eugen Sänger (1905–1964) war fest davon überzeugt, dass es das menschliche Schicksal sei, zu den Sternen zu reisen (Sänger 2006, S. 4).

Ebenso wie Goddard entwickelte Sänger ein regenerativ gekühltes Triebwerk und führte 1933 erste Tests damit durch. Später in diesem Jahr veröffentlichte er das vielbeachtete Buch „Raketenflugtechnik", in dem er ein raketengetriebenes Überschallflugzeug mit Flüssigkeitstriebwerk beschrieb (Braun und Ordway 1979, S. 137).

Dieses war einer der Entwürfe des „Amerika-Bombers", welcher nie über die frühe Prototypenphase hinausging, aber schon Raketentechnik mit dem Konzept eines Gleiters kombinierte. Zu Beginn wurde das Flugzeug entlang einer 3 km langen Eisenbahnschiene durch einen raketengetriebenen Schlitten beschleunigt, und anschließend hätte eine Zündung des Raketentriebwerks das Flugzeug auf etwa 145 km Höhe gebracht. Danach sollte es schrittweise zur Stratosphäre absteigen, wo durch die höhere Luftdichte Auftrieb an der Unterseite des Flugzeugs erzeugt worden wäre, wodurch das Flugzeug zum „Springen" gebracht worden wäre. Zwar wären die Sprünge durch den Luftwiderstand immer kleiner geworden, doch hätte man mit diesem Konzept eine beachtliche Strecke zurücklegen können, auch wenn sich nach dem Zweiten Weltkrieg bei einer Analyse des Konzepts herausstellte, dass der *Silbervogel* den Wiedereintritt nicht überstanden hätte und verglüht wäre.[11]

Nach dem Krieg ging Sänger nach Frankreich und forschte dort an der Weiterentwicklung des luftatmenden Staustrahltriebwerks. Im Jahr 1954 kehrte er nach Deutschland zurück, auch wenn es zu diesem Zeitpunkt hierzulande keine Raketenforschung mehr gab. Er gründete deshalb das Forschungsinstitut für Physik der Strahlantriebe in Stuttgart. Fünf Jahre später schlug er ein Gebiet im Harthäuser Wald für einen Raketentriebwerkprüfstand vor und überzeugte Politiker und Anwohner. Heute befindet sich auf diesem Gelände der DLR-Standort Lampoldshausen, und noch immer werden dort Triebwerke für Raketen getestet.[12]

Daneben setzte er sich immer wieder für einen internationalen Zusammenschluss aller Raumfahrtorganisationen ein und wurde im Jahr 1951 der erste Präsident der International Astronautical Federation (IAF) (Sänger 2006, S. 127).

Auf den Jahrestreffen der IAF 1956 in Rom hielt Sänger den Vortrag „Die Erreichbarkeit der Fixsterne" und 1958 in Amsterdam den Vortrag „Strahlungsquellen für Photonenstrahlantriebe". Darin stellte er seine Idee der Photonenrakete vor, einer Rakete, welche ihre Energie aus der Reaktion von Materie und Antimaterie gewinnt. Wernher von Braun schrieb in seinen persönlichen Nachruf auf Eugen Sänger: „*Sängers hypothetische Photonenrakete, deren Ausströmgeschwindigkeit der Lichtgeschwindigkeit entspricht und die somit alle nur vorstellbaren Entfernungen des Kosmos, die von unserem Planeten Erde in einer Entfernung von Millionen Lichtjahren liegen, erreichen kann, ist eine seiner bedeutendsten Arbeiten. Mit unanfechtbarer Logik zeigt er darin den weiten Rahmen der schier unendlichen Ausdehnungsmöglichkeit der Raumfahrt, die für den Menschen des kosmischen Zeitalters eine wissenschaftliche und technische Herausforderung ohnegleichen darstellt.*" (Sänger 2006, S. 4).

---

[11]https://de.wikipedia.org/wiki/Silbervogel (11.02.2019).
[12]50 Jahre DLR Lampoldshausen – http://www.dlr.de/dlr/Portaldata/1/Resources/documents/DLR_Lampoldshausen_buch_50_jahre_final.pdf.

Da sich Sänger ernsthaft mit der interstellaren Raumfahrt beschäftigte, kurz nachdem gerade erst das Weltraumzeitalter begonnen hatte und die ersten von Menschenhand gefertigten Satelliten gestartet worden waren, wurden er und seine Arbeiten weit über seinen Tod hinaus angefeindet. Von dem Physikprofessor Fritz Bopp (1909–1987) wurden Sängers Ideen als „hanebüchener Unsinn" (Sänger 2006, S. 18) bezeichnet.

Die Idee des Sänger'schen Raumtransporters für den erdnahen Orbit, mit einem Katapultstart auf einem Raketenschlitten, ist heute noch Zukunftsmusik, doch wird die Zukunft zeigen, ob Sänger seiner Zeit einfach nur voraus war.

Literatur

Alisch, T. (2009). *Geschichte der Raumfahrt*. München: Compact.

Barth, H. (1991). *Hermann Oberth – Begründer der Weltraumfahrt*. Esslingen: Bechtle.

Clary, D. A. (2003). *Rocket Man – Robbert H. Goddard and the birth of the space age*. New York: Hyperion.

Eisfeld, R. (2012). *Mondsüchtig – Wernher von Braun und die Geburt der Raumfahrt aus dem Geist der Barbarei*. Springe: zu Klampen.

Harford, J. (1997). *Korolev – How one man masterminded the Soviet to beat America to the moon*. New York: Wiley.

Klein, S. (2011). *Da Vincis Vermächtnis*. Frankfurt a. M.: Fischer Taschenbuch.

Neufeld, M. J. (2008). *Von Braun – Dreamer of Space, Engineer of War*. New York: Vintage Books.

Rauschenbach, B. (1995). *Hermann Oberth – Über die Erde hinaus*. Wiesbaden: Dr. Böttinger.

Ruland, B. (1969). *Wernher von Braun – Mein Leben für die Raumfahrt*. Offenburg: Burda.

Sänger, E. (1958). *Raumfahrt – Technische Überwindung des Krieges*. Hamburg: Rowolth Taschenbuch.

Sänger, E. (1963). *Raumfahrt: Heute – Morgen – übermorgen*. Düsseldorf: Econ.

Sänger, H. E. (2006). *Ein Leben für die Raumfahrt – Erinnerungen an Prof. Dr.-Ing. Eugen A. Sänger*. Lemwerder: Stedinger.

Siefarth, G. (2001). *Geschichte der Raumfahrt*. Beck: München.

von Braun, W., & Ley, W. (1958). *Die Eroberung des Weltraums*. Frankfurt a. M.: Fischer Bücherei.

von Braun, W., & Ordway, F. J. (1979). *Raketen*. München: Udo Pfriemer.

Waxmann, S. E. (1978). *Unsere Lehrmeister aus dem Kosmos – Mit einem Vorwort von Hermann Oberth*. Ebersbach: Körber + Fezer.

Weyer, J. (1999). *Wernher von Braun*. Reinbek bei Hamburg: Rowolth Taschenbuch.

2

Beginn des Weltraumzeitalters

Bei der Eroberung des Weltraums sind zwei Probleme zu lösen: die Schwerkraft und der Papierkrieg. Mit der Schwerkraft wären wir fertig geworden.
WERNHER VON BRAUN (1912–1977)

Das Raumfahrtzeitalter begann am 4. Oktober 1957 mit dem 83,6 kg schweren Satelliten Sputnik. Aufgrund fehlender Erfahrungswerte war es allerdings eine Herausforderung, den Satelliten auf der richtigen Bahn auszusetzen, und deshalb benutzte der spätere Kosmonaut Georgi Gretschko (1931–2017) den damals einzigen verfügbaren Großrechner in der Sowjetunion, um dessen Umlaufbahn zu berechnen.

Zwar konnte diese Metallkugel nur piepsen und war wissenschaftlich nur von geringem Nutzen, denn es handelte sich nur um eine Notlösung, da der eigentliche Satellit – welcher das Erdmagnetfeld vermessen sollte – nicht rechtzeitig fertig geworden war und erst bei der dritten Sputnik-Mission ins All startete. Dennoch löste dieses Ereignis den sogenannten Sputnikschock aus. Am nächsten Tag hatten die meisten westlichen Zeitungen dieses Thema auf der Titelseite. Die New York Times titelte: *„Soviet Fires Earth Satellite Into Space: It Is Circling the Globe at 18,000 M.P.H.; Sphere Tracked in 4 Crossings Over U.S.“*,[1] und die französische Zeitung Le Figaro sprach gar von einer technischen Demütigung der USA, während die FAZ sachlich titelte *„Das planetarische Zeitalter hat begonnen“*. Überraschenderweise waren in der sowjetischen Zeitung *Prawda* aber nur ein paar Zeilen zu finden, und

---

[1]http://www.nytimes.com/learning/general/onthisday/big/1004.html (18.12.2011).

© Springer-Verlag GmbH Deutschland, ein Teil von Springer Nature 2019
S. Piper, *Space – Die Zukunft liegt im All,* https://doi.org/10.1007/978-3-662-59004-1_2

es scheint fast so, dass die sowjetische Führung selbst von den Reaktionen der Weltpresse und Weltöffentlichkeit überrascht war (Harford 1997, S. 121). Auch der US-Präsident Eisenhower unterschätzte die Reaktionen in der amerikanischen Öffentlichkeit, die dieses Ereignis auslöste, zumal die USA der Sowjetunion noch hätten zuvorkommen können. Doch hatte es Eisenhower offiziellen Aussagen zufolge abgelehnt, eine für das amerikanische Militär entwickelte Rakete zum Einsatz kommen zu lassen, um einen zivilen Satelliten ins All zu bringen. Da aber auch die favorisierte Vanguard-Rakete auf Technologie der US Navy basierte, ist es wahrscheinlicher, dass Eisenhower nicht wollte, dass eine von Wernher von Braun und seinem Team entwickelte Rakete den ersten amerikanischen Satelliten startete. So kam es, dass bei einem Teststart einer Juno-I-Rakete im September 1956 der Treibstoff der letzten Stufe durch Sand ersetzt wurde, um nicht in einen Orbit einzutreten.

Obwohl sowohl die USA als auch die Sowjetunion den Start eines Satelliten während des Internationalen Geophysikalischen Jahres (1. Juli 1957 bis zum 31. Dezember 1958) bereits im Sommer 1955 angekündigt hatten, glaubte man im Westen nicht daran, dass die Sowjetunion dazu technisch in der Lage wäre.

Da man zuvor auf sowjetischer wie auch auf amerikanischer Seite viele Fehlschläge hinnehmen musste, wurde erst nach mehreren Umläufen die Öffentlichkeit durch Radio Moskau über den Erfolg informiert.

Möglich wurde dieser Triumph aufgrund eines strategischen Nachteils der Sowjetunion im kalten Krieg, denn die sowjetischen Atomsprengköpfe waren wesentlich größer und deutlich schwerer als die amerikanischen Pendants, und deshalb war man von Anfang an dazu gezwungen, größere und leistungsstärkere Raketen zu entwickeln, was für die Raumfahrtambitionen der Sowjets aber ein großer Vorteil war.

Nach dem Sputnikschock wurde in den USA die Defense Advanced Research Projects Agency (DARPA) gegründet, die Forschungsabteilung des Pentagons, der wir unter anderem das GPS und das Arpanet, den Vorläufer des Internets, verdanken. Ferner wurde eine Bildungsoffensive ausgerufen, um mehr Ingenieure hervorzubringen.

Schon kurze Zeit später, genauer gesagt am 3. November 1957, starteten die Sowjets sogar die zweite Sputnik-Mission. Der sowjetische Präsident Chruschtschow persönlich hatte Koroljow den Auftrag erteilt, zum 40-jährigen Jubiläum der Oktoberrevolution etwas Neues zu starten (Harford 1997, S. 132), dieses Mal mit einem Lebewesen an Bord, nämlich der Hündin Laika, für die es bedauerlicherweise von vornherein keine Überlebensmöglichkeit gab und die sehr wahrscheinlich nach nur wenigen Stunden durch Stress und Überhitzung starb – was den Protest von Tierschützern zur Folge hatte. Der Wiedereintritt in die Erdatmosphäre, bei dem Temperaturen über 1000 °C entstehen, und eine weiche Landung waren zum damaligen Zeitpunkt noch nicht erprobt. Viele Verantwortliche äußerten nach dem Ende des kalten Krieges ihr Bedauern. So sagte Laikas Ausbilder Oleg Gasenko (1918–2007): *„Je mehr Zeit vergeht, desto mehr tut es mir leid. Wir haben durch die Mission nicht genug gelernt, um den Tod des Hundes zu rechtfertigen."*[2]

Der Schock für die Amerikaner wurde 1957 sogar noch größer, da die amerikanische Antwort auf Sputnik vor versammelter Weltpresse scheiterte. Am 4. Dezember 1957 explodierte die Vanguard-Rakete, deren Start man aufgrund von Sputnik vorverlegt hatte. Erst am 1. Februar 1958 gelang es den USA einen Satelliten zu starten, den Explorer 1. Dieser mit einem Magnetometer und Geigerzähler ausgestattete Satellit entdeckte den *Van-Allen*-Strahlungsgürtel und sorgte dafür, dass vornehmlich ein Mann als Held gefeiert wurde: Wernher von Braun.

Der erfolgreiche Start der modifizierten Redstone-Rakete (Juno-1) mit Explorer 1 löste in den USA große Begeisterung aus, insbesondere in Huntsville, Alabama, wo der Satellit bei der Army Ballistic Missle Agency (ABMA) entwickelt worden war. Die Menschen tanzten förmlich auf der Straße und hielten Spruchbänder hoch mit Aufschriften wie „Mach Platz, Sputnik!" und „Der Weltraum gehört uns" (Alisch 2009, S. 68).

Im März 1958 gelang den USA der Start einer Vanguard-Rakete, die den Satellit Vanguard I in den Orbit brachte. Dieser war der erste Satellit, dessen Stromversorgung mit Solarzellen sichergestellt wurde, und auch wenn der Funkkontakt 1964 abriss, feierte dieser Satellit am 17. März 2018 sein 60-jähriges Jubiläum im Orbit und ist damit das am längsten um die Erde kreisende Objekt, das von Menschenhand gemacht wurde.

Ein weiterer Coup gelang den sowjetischen Ingenieuren im Oktober 1959 mit der Mondsonde Lunik 3, welche als erste Bilder von der erdabgewandten Seite des Mondes lieferte. Zwar gab es mehrere Versuche, unbemannte Sonden zu starten, doch die meisten davon scheiterten kläglich, und oft kam die Sonde nicht einmal in eine Erdumlaufbahn, sowohl auf amerikanischer wie auch auf sowjetischer Seite. Bei den Sowjets kam in den darauffolgenden Jahren noch hinzu, dass selbst wenn eine Sonde erfolgreich gestartet werden

---

[2] http://www.welt.de/wissenschaft/article1325076/Schreckliche_Tierquaelerei_im_Weltall.html (28.10.2011).

konnte, kurz darauf der Funkkontakt abgebrochen ist (Venera 1, Zond 2) und die Sonden ohne Kommunikationsmöglichkeit verloren gingen.

Am 19. August 1960 folgten bei der fünften von insgesamt 10 Sputnik-Missionen mit Strelka und Belka wieder zwei Hunde ins All. Nach 18 Erdumrundungen und fast 30 h im All kehrten beide wieder wohlbehalten zur Erde zurück. Strelka brachte später sogar sechs Junge zur Welt, von denen der sowjetische Staatschef Nikita Chruschtschow eines der Tochter des amerikanischen Präsidenten John F. Kennedy schenkte (Alisch 2009, S. 70–71).

Um den Erfolgen der Sowjetunion etwas entgegenzusetzen und um das Rennen, den ersten Menschen ins All zu bringen, zu gewinnen, arbeitete man ab 1958 bei der neu gegründeten zivilen Raumfahrtorganisation NASA an dem Mercury-Programm. Doch hatte man das Problem, keine verlässliche Trägerrakete zu besitzen. Unter der Leitung von Wernher von Braun entstand so die Redstone-Raketenfamilie, welche sowohl den ersten amerikanischen Satelliten ins All brachte als auch bei den Suborbitalflügen des Mercury-Programms zum Einsatz kam.

Doch standen die sowjetischen Raketenkonstrukteure unter großem Erfolgsdruck, und dies begünstigte den bis heute größten Raketenunfall am 24. Oktober 1960 in Baikonur. Heutzutage ist dieses Ereignis als Nedelin-Katastrophe bekannt. Bei der Explosion eines Prototyps einer Interkontinentalrakete vom Typ R-16 auf dem Startplatz starben wahrscheinlich 165 Menschen. Genau lässt sich die Anzahl der Opfer nicht mehr feststellen, da der Unfall vertuscht wurde und erste Pressemitteilungen über diese Katastrophe erst 30 Jahre später, nach dem Zusammenbruch der Sowjetunion, erschienen sind.

Am 31. Januar 1961 absolvierte der Schimpanse Ham mit der Redstone-Mercury-Rakete den ersten amerikanischen Suborbitalflug (MR-2) und kehrte sicher zur Erde zurück. Doch wurde das Tier wesentlich größeren g-Kräften (14 g) ausgesetzt und flog 100 km weiter als geplant. Ham verbrachte den Rest seines Lebens als vielbeachteter Weltraumpionier im Nationalzoo in Washington, und sein Grab befindet sich auf dem Gelände der International Space Hall of Fame in Alamogordo, New Mexico. Doch viele Affen im amerikanischen Raumfahrtprogramm hatten nicht so viel Glück, da diese mit einer ungeeigneten V2-Rakete (wie die Rhesusaffen Albert 1 bis 4) ins All geschossen wurden und während des Fluges erstickten oder durch einen Fehler im Fallschirmsystem beim Aufprall starben. Andere hatten nie wirklich eine Chance, wie die Totenkopfaffen Gordo und Goliath und der Rhesusaffe Scatback, da sie entweder den Start nicht überlebten oder bei der Landung auf dem Meer ertranken. Wiederum andere überlebten den Flug, wie der Rhesusaffe Able, welcher hierbei 38 g aushalten musste, doch verendeten sie nur wenige Tage später.[3,4]

Der erste Mensch im Weltraum

Am 12. April 1961 startete Juri Gagarin mit einer Wostok-Rakete zum ersten bemannten Raumflug der Geschichte. Dieser dauerte gerade einmal 1 h und 48 min, und Gagarin umrundete dabei nur einmal die Erde. Dennoch war dieses Ereignis ein Meilenstein in der Weltgeschichte. Dass Gagarin der erste Mensch wurde, dem diese Erfahrung vergönnt war, verdankte er Koroljow, denn dieser hatte ihn persönlich ausgesucht. Der lange favorisierte Kosmonaut German Titow hatte das Nachsehen. Allerdings gab es hierfür keine praktischen Gründe, sondern Koroljow war nur der Auffassung, dass Gagarin die bessere Ausstrahlung hatte.[5]

Die Wostok-Rakete (bei der sowjetischen Raumfahrt wurde die Trägerrakete nach der ersten Nutzlast benannt) basierte auf der R-7, die um eine dritte Stufe ergänzt worden war, um höhere Nutzlasten transportieren zu können. Die R-7 war die erste Interkontinentalrakete der Welt, aber als Waffensystem ein Fehlschlag, da das System nicht nur sehr teuer, sondern mit einer Startvorbereitungszeit von 20 h im kalten Krieg nicht brauchbar war. Außerdem konnte die Rakete aufgrund des flüssigen Tieftemperaturtreibstoffs nicht lange betankt auf dem Startplatz stehen. Als Trägerrakete für die Raumfahrt hingegen war diese Rakete ein großer Erfolg, und selbst heute noch werden mit der Sojus-Raketenfamilie Träger eingesetzt, die auf die R-7 zurückzuführen sind.

Die einsitzige Wostok-Kapsel bestand aus der kugelförmigen Pilotenkabine, die zur Erde zurückkehren sollte und mit dem Kontrollsystem und Messeinrichtungen ausgestattet war, sowie dem Versorgungsteil, in dem sich hauptsächlich das Bremstriebwerk und der Treibstofftank befand. Doch gab es Probleme beim Wiedereintritt, da sich kurz nach der Bremszündung beide Teile nicht trennen ließen und Gagarins Kapsel unkontrolliert um die eigene Achse rotierte. 10 min später lösten sich die verbleibenden Kabel durch die Reibungshitze dann doch noch, und in 7 km Höhe betätigte

---

[3]http://www.zeit.de/wissen/geschichte/2011-03/gagarin-tiere-raumfahrt (18.12.2011).

[4]http://www.releasechimps.org/harm-suffering/research-history/air-space/#axzz1HGnmaQs9 (18.12.2011).

[5]BBC – Cosmonauts: How Russia Won the Space Race (2014).

Gagarin – wie geplant – den Schleudersitz und landete nahe dem Dorf Sme-
lowka. Doch diese technischen Probleme wurden lange Zeit verschwiegen,
da die Sowjets befürchteten, dass dies sonst nicht als erfolgreicher Weltraumflug gewertet werden würde.

Da man in den USA für einen „richtigen" Raumflug technisch noch nicht
bereit war, begnügte man sich am 5. Mai 1961 bei der Freedom-7-Mission,
welche zum Mercury-Programm gehörte, zunächst mit einem Suborbitalflug. Der Flug von Alan Shepard dauerte nur 15 min, doch löste dieser Flug
eine große Euphorie aus, und nur wenig später verkündete John F. Kennedy
in seiner berühmten Rede „We choose to go to the Moon" am 12. September 1962 im Rice Stadium in Houston, dass man vor Ende des Jahrzehnts
bemannt auf dem Mond landen wolle.

Wörtlich sagte Kennedy: *„Ich glaube, dass unsere Nation in diesem Jahrzehnt das Ziel erreichen sollte, einen Menschen auf den Mond zu schicken und
ihn sicher wieder zur Erde zurückzubringen. Kein Raumfahrtprojekt wird die
Menschheit stärker beeindrucken oder für die weitere Erforschung des Weltalls
größere Bedeutung haben."* (Alisch 2009, S. 84–85).

Doch schon am 6. August 1961 startete mit German S. Titow der zweite
Kosmonaut mit Wostok 2 ins All, diesmal dauerte der Raumflug über 25 h,
und Titow umkreiste 17-mal die Erde. Dabei steuerte Titow die Raumkapsel zeitweise sogar selbst und zeigte als erster Anzeichen der damals noch
unbekannten Weltraumkrankheit, da ihm schwindelig wurde und er sich
übergeben musste. Der Flug verlief sonst ohne technische Probleme, aber
beim Wiedereintritt löste sich erneut zunächst die Pilotenkabine nicht vollständig vom Versorgungsteil, erst nachdem die letzten Verbindungen ver-
glühten, kam die Raumkapsel wieder in eine stabile Lage.

Erst am 20. Februar 1962 war John Glenn der erste Amerikaner, der es
ihm gleichtat. Seine Mercury-Kapsel wurde mit einer Atlas-Rakete in den
Erdorbit befördert. Doch ging bei Glenns Flug nicht alles glatt und bei-
nahe hätte diese Mission in einer Katastrophe geendet, denn der Hitzeschild
hatte sich gelöst und wurde nur durch einige Stahlbänder gehalten, dennoch brachte ihn sein Schild durch die feurige Wiedereintrittsphase (Siefarth
2001, S. 21).

Im Juni 1963 startete mit Wostok 6 die 26-jährige Textilingenieurin
Walentina Tereschkowa als erste Frau in den Weltraum. Am 18. März 1965
geschah noch etwas Außergewöhnliches, das bisher nur wenige Menschen
erleben durften. Zum ersten Mal schwebte ein Mensch während eines Welt-
raumspazierganges im All. Es handelte sich hierbei um den Kosmonauten

Alexeij Leonow. Dazu wurde eine eigens entwickelte Schleuse für Leonow gebaut. Nach seinem Weltraumspaziergang jedoch konnte der Kosmonaut zunächst nicht mehr ins Raumschiff hinein, weil sich sein Anzug während seines Allaufenthalts aufgebläht hatte. Durch den Stress stieg sein Puls stark an. Schließlich musste Leonow über ein Ventil Sauerstoff aus seinem Anzug ablassen, und so gelang es ihm wieder in die Woschod-Kapsel hineinzukommen.

Gemini-Programm

Da man die Mercury-Kapsel im Orbit nicht manövrieren konnte, war sie für den anvisierten Mondflug unbrauchbar. Deswegen startete man das Gemini-Programm, bei dem Kopplungs- und Rendezvoustechniken erprobt wurden. Dabei sorgten 16 kleine Schubdüsen für die Manövrierbarkeit. Mit über 3 t war die Gemini-Kapsel fast doppelt so schwer wie die Mercury-Kapsel und bestand aus Wiedereintrittsmodul und Servicemodul. Außerdem gab es noch eine weitere Neuerung, denn beim dritten Gemini-Flug kam zum ersten Mal eine Brennstoffzelle als Stromversorgung zum Einsatz (vorher wurden chemische Silber-Zink-Batterien verwendet). Gestartet wurde die Gemini-Kapsel mit einer zweistufigen Titan-II-Rakete.

Doch auch bei diesem Programm lief nicht alles glatt. Beim Andocken von Gemini 8 am 16. März 1966 an die separat gestartete Agena-Oberstufe gab es große Probleme, da eine defekte Steuerungsdüse des Gemini-Raumschiffs für eine unkontrollierte Rotation sorgte. Kommandant der Mission war Neil Armstrong, und dieser dachte fälschlicherweise, dass das Problem durch Agena verursacht wurde. Deswegen koppelte man wieder ab und geriet nun aufgrund der wesentlich geringeren Massenträgheit in noch viel größere Probleme. Erst als man sich entschloss, die Mission vorzeitig abzubrechen und den Wiedereintritt einleitete, wurde die defekte Steuerungsdüse abgeschaltet.

Bei Gemini 12, der letzten Mission dieses Programms, war es ein glücklicher Umstand, dass Edwin „Buzz" Aldrin seine Doktorarbeit über Kopplungsmanöver im Orbit verfasst hatte, da der Bordcomputer den Datenempfang vom Rendezvousschiff verweigerte war Aldrin in der Lage mit einem Sextanten und Navigationskarten, die für den Fall einer Fehlfunktion entwickelt worden waren, seinen Kommandanten Lovell zu einem erfolgreichen Rendezvous zu führen.

Die bemannte Mondlandung

Der größte Triumph der Raumfahrt und vielleicht der größte Triumph in der Menschheitsgeschichte war die bemannte Mondlandung (Abb. 2.1). Ein jahrhundertealter Traum wurde im Sommer 1969 wahr.

In John F. Kennedys bereits zuvor erwähnter Rede wurde der Zeitrahmen abgesteckt, noch vor Ende des Jahrzehnts auf dem Erdtrabanten zu landen und wieder sicher zur Erde zurückzukehren. In den Jahren nach dieser Rede wurde das Budget der NASA hierfür drastisch erhöht und erreichte seinen Höhepunkt 1966. Zu dieser Zeit gaben die USA über 4 % ihres Haushaltbudgets für die NASA aus, um ihre ambitionierten Mondziele zu erreichen und die Sowjetunion im Wettrennen zu schlagen. Das Prestige war ein wichtiger Faktor.

Erstaunlicherweise war Kennedy aber auch zu einer Zusammenarbeit mit der Sowjetunion bereit und wies die NASA am 12. November 1963 im National Security Action Memorandum Nummer 271 zur Kooperation

Abb. 2.1   Fußabdruck von Buzz Aldrin auf dem Mond

an, was aufgrund des Attentates auf Kennedy am 23. November 1963 nicht mehr umgesetzt wurde.[6]

Am 20. Juli 1969 war es dann so weit. Neil Armstrong betrat als erster Mensch den Mond. Wissenschaftliches Ziel der bemannten Mondlandung war herauszufinden, wie sich der Mond geformt hat, und überraschenderweise konnte keine der drei gängigen Theorien (Abspaltungs-, Einfang- oder Schwesterplanetentheorie) bestätigt werden, durch die Analyse des mitgebrachten Mondgesteins entstand vielmehr die Kollisionstheorie. Demnach wurde die noch junge Erde von einem marsgroßen Planetoiden getroffen, und große Mengen an Material wurden in einen Orbit geschleudert, woraus sich der Mond bildete.

Erwähnenswert ist noch, dass Alan Shepard bei Apollo 14 im Landegebiet des Fra-Mauro-Einschlagskraters Golf spielte und dabei einhändig – aufgrund der geringen Schwerkraft – einen Abschlag hatte, der jeden Profi-Golfer vor Neid erblassen würde, und dass bei Apollo 15 ein altes physikalisches Gesetz experimentell nachgewiesen wurde. Und zwar ließ man eine Falkenfeder und einen Hammer gleichzeitig zu Boden fallen, und aufgrund des fehlenden Luftwiderstands kamen beide auch gleichzeitig auf dem Mondboden an. Dadurch wurden Galileo Galileis alte Erkenntnisse, welcher der Legende nach im 16. Jahrhundert Bälle vom schiefen Turm in Pisa fallen ließ, einmal mehr nachgewiesen.

Carl Sagan schrieb 1996 in seinem Buch „Blauer Punkt im All": *„Apollo vermittelte Selbstvertrauen, Energie und Visionen, die die Vorstellungskraft der ganzen Welt beflügelten. Das war auch ein Zweck des Programms. Es weckte den Glauben an die Technik und Begeisterung für die Zukunft. Wenn wir zum Mond fliegen können, fragten sich viele, was können wir dann noch alles?"*.

Der deutsche Journalist und Buchautor Hans-Arthur Marsiske schrieb 2005 in seinem Buch „Heimat Weltall – Wohin soll die Raumfahrt führen" gar: *„Apollo war vor allem eins: ein kulturelles Projekt. Dessen wichtigste und nachhaltigste Errungenschaft war etwas, was sonst zumeist der Kunst vorbehalten ist: ein neuer Blick auf die Dinge. Die Apollo-Missionen erschlossen den Menschen eine grundlegend neue Perspektive auf die Erde und die Menschheit."*

Michael Collins, Pilot von Apollo 11, wird mit den Worten zitiert: *„Apollo hat noch in anderer Hinsicht ein interessantes Zeichen für die Zukunft gesetzt. Es war wahrscheinlich die einzige größere menschliche Expedition, bei der keine Waffen mitgeführt wurden."* (Marsiske 2005, S. 124).

---

[6]https://www.jfklibrary.org/Asset-Viewer/qVncp893wEmJFplIn1AlHA.aspx (29.10.2017).

Und Neil Armstrong sagte auf einer Pressekonferenz am 16. Juli 1999 am Kennedy Space Center: *„Meiner Meinung nach war die bedeutendste Errungenschaft der Apollo-Mission der Beweis, dass die Menschheit eben nicht für immer an diesem Planeten gebunden ist, und unsere Visionen gehen sogar noch weiter, denn unsere Möglichkeiten sind endlos."* (Kohn 2010, S. 18).

Mit den Apollo-Flügen wurde das Tor zum Weltall geöffnet, doch bereits während des Programms wurde das Raumfahrtbudget drastisch beschnitten, und so kam es, dass man von den ursprünglich zehn geplanten Mondlandungen aus Kostengründen auf die letzten drei Missionen verzichtete.

Interessanterweise wurden bereits 1962 drei unterschiedliche Szenarien diskutiert: Ein Direktflug, ein Rendezvous im Mondorbit oder ein Rendezvous im Erdorbit. Man entschied sich letztendlich für das Lunar-Orbit-Rendezvous, denn beim Rendezvous im Erdorbit hätte die Mondlandefähre im Erdorbit zusammengebaut werden müssen und dies hätte eine zweite Saturn V erfordert. Und bei einem Direktflug hätte man eine noch wesentlich leistungsstärkere Rakete als die Saturn V gebraucht – wie z. B. die angedachte Nova-Rakete. Diese Rakete hätte mindestens acht anstatt der eingesetzten fünf F-1-Triebwerke der Saturn V benötigt, was sich aber schon allein aus Budgetgründen nicht gerechnet hätte, von den technischen Herausforderungen ganz zu schweigen (Braun 1971, S. 218–219).

Hatten bis dato die Sowjets die Nase vorne gehabt, verhinderten Kompetenzstreitigkeiten zwischen ziviler und militärischer Raumfahrt sowie der Tod des Chefkonstrukteurs Sergej Koroljow im Jahr 1966 ein Anknüpfen an alte Erfolge, zumal es nicht gelang, die sowjetische Mondrakete N1 erfolgreich zu testen. Alle vier Testflüge zwischen 1969 und 1972 scheiterten, aber natürlich war eine bemannte Mondlandung ohne geeignete Trägerrakete nicht möglich (Siefarth 2001, S. 54). Zwar gab es noch den alternativen Plan einer Mondumkreisung, doch verzögerte sich die Entwicklung der Proton-Rakete, und deshalb war die Crew von Apollo 8 die ersten Menschen, welche im Dezember 1968 die Rückseite des Mondes mit ihren eigenen Augen sehen konnten. Bei dieser Mission entstand darüber hinaus eines der berühmtesten Bilder der Geschichte. Das „Earthrise" getaufte Bild (Abb. 2.2) zeigt den Aufgang der blauen Erde hinter der zerklüfteten Mondlandschaft. Dieses Bild gilt als Symbol für das Umweltbewusstsein und verdeutlichte die Zerbrechlichkeit der Erde.

Auch beim Apollo-Programm gab es zahlreiche Probleme. Beim Landeanflug von Apollo 11 reizte Armstrong den Treibstoffverbrauch förmlich bis zum letzten Tropfen aus, da das Landegebiet felsiger war als erwartet und er einen sicheren Landeplatz suchte. Außerdem brach beim Start der

Abb. 2.2   Die Erde aufgenommen aus dem Mondorbit bei der Apollo-8-Mission

Mondfähre ein Hebel am Schaltpult des Landemoduls ab und Buzz Aldrin musste improvisieren und stattdessen einen Kugelschreiber verwenden. Apollo 12 wurde beim Start vom Blitz getroffen und dabei beschädigt. Bei Apollo 13 kam es zu einem Kurzschluss im Sauerstofftank und einer heftigen Explosion. Deswegen war eine Landung auf dem Erdtrabanten nicht möglich, man umkreiste diesen und landete wieder auf der Erde.

Den Sowjets gelang es immerhin beim Lunochod-Programm zwei Mondrover auf dem Erdtrabanten zu landen, welche jeweils von einer fünfköpfigen Besatzung von der Erde aus gesteuert wurden und insgesamt 47 km zurücklegten. Außerdem gelang es ihnen im August 1976, nach mehreren Fehlschlägen, mit der unbemannten Luna-24-Sonde einige Gramm Mondgestein einzusammeln und zur Erde zu bringen.

Raumstationen

Nachdem die Sowjetunion im Wettrennen zum Mond geschlagen worden war, konzentrierte man sich beim Saljut-Programm auf den Bau von Raumstationen. Den Anfang von insgesamt sieben sowjetischen Stationen machte 1971 Saljut 1. Diese bestand aus den Bauteilen des ehemals geheimen militärischen Almas-Programms, bei dem mit einer NR-23-Schnellfeuerkanone zum ersten Mal eine Waffe an Bord war, und des Sojus-Raumschiffs. Trotz des recht einfachen Aufbaus waren die hierbei gesammelten Erfahrungen sehr wichtig.

Auch in den USA entwickelte man ein Raumstations-Programm, das Skylab. Es profitierte von der Einstellung der Mondflüge, da so auf die leistungsstarke Saturn V-Rakete zurückgegriffen werden konnte, um die 90 t schwere Raumstation 1973 in einen Orbit zu bringen. Bei dieser Mission wurden nicht nur zahlreiche wissenschaftliche Experimente durchgeführt, sondern zudem unsere Sonne über einen längeren Zeitraum beobachtet. Während der 9-monatigen Einsatzzeit lebten und arbeiteten drei Besatzungen auf Skylab. Durch Gitterböden war die Raumstation in zwei Decks unterteilt und bot den Astronauten einen zuvor nicht gekannten Komfort, zumal sich zum ersten Mal auch eine Dusche bei einer Weltraummission an Bord befand.

Parallel dazu arbeitete man am Apollo-Sojus-Projekt, und diese Mission war wohl eines der größten Symbole der Völkerverständigung. Denn zum ersten Mal arbeiteten West und Ost gemeinsam an einer Raumfahrtmission. Dies ist umso bemerkenswerter, als erst 1973 durch die Vela-Satelliten geklärt werden konnte, dass hinter aufgezeichneten mysteriösen Gammablitzen keine geheimen sowjetischen Atomtests steckten, sondern dass die *Gamma Ray Bursts* aus den Tiefen des Weltalls stammen. Trotz des Problems, dass auf sowjetischer und amerikanischer Seite unterschiedliche Luftdrücke verwendet wurden, weshalb man eine Luftschleuse mit einem Druckausgleich benötigte, konnten bei dieser Mission 35 Experimente durchgeführt werden.

Inzwischen gehört China ebenfalls zu dem elitären Club, dessen Mitglieder eigene Raumstationen im Orbit betreiben. Tiangong 1 (Himmelspalast) wurde am 29. September 2011 mit einer Trägerrakete vom Typ Langer Marsch 2 F gestartet und stürzte im April 2018 wieder auf die Erde, nachdem man zuvor den Funkkontakt mit der Station verloren hatte. Mit dieser 8,5 t schweren Station erforschten die chinesischen Taikonauten mehrtägige Aufenthalte im All und Kopplungsmanöver mit dem

Shenzhou-Raumschiff. Seit dem 15. September 2016 ist mit Tiangong-2 der Nachfolger im Orbit, und dieser wurde im April 2017 vom unbemannten Frachter Tianzhou 1 angeflogen.

MIR

Die größte und bedeutendste sowjetische Raumstation war die MIR (Abb. 2.3). Diese wurde im All zusammengebaut und hatte ein Kernmodul, das als Wohnunterkunft diente, sowie sechs Andockstutzen für Versorgungsschiffe und Ausbaumodule. Der größte Vorteil der Blockbauweise war die Ausbau- und Upgrade-Fähigkeit, ohne den Kernblock zu beeinflussen. Das erste Modul wurde 1986 mit einer Proton-Rakete gestartet, und fünf weitere Module für wissenschaftliche Experimente wurden bis zum Jahr 1996 hinzugefügt.

Im Laufe der Jahre lebten und forschten 125 Kosmonauten und Astronauten aus zwölf verschiedenen Ländern auf der Station und neunmal

Abb. 2.3 Space Shuttle Atlantis angedockt an die MIR

dockte auch das amerikanische Space Shuttle an. 1991 ereignete sich eine Kuriosität, denn der Kosmonaut Sergei Krikaljow wurde das Opfer des Zusammenbruchs der Sowjetunion, denn dadurch war der Kosmonaut auf der MIR gestrandet und konnte erst sehr viel später als geplant zurück-kehren.[7]

Die MIR (Frieden) hatte eine Masse von insgesamt 129 t und ein bewohnbares Volumen von 350 Kubikmetern. Die Energieversorgung erfolgte über Solarpaneele, welche mit Sensoren ausgestattet waren, die dabei halfen, sie immer auf die Sonne auszurichten. Außerdem hatte die Station ein Bordnetz, welches mit 28,6 V Gleichstrom betrieben und von Nickel-Cadmium-Batterien gestützt wurde. Am Anfang musste man sich allerdings mit bescheidenen 9 kW zufriedengeben, und da sich der Auf-bau der weiteren Module über mehrere Jahre hinzog, gab es lange Zeit Pro-bleme mit der Energieversorgung. Diese konnten erst behoben werden, als mit dem Kvant-2-Modul (1989) und dem Spektr-Modul (1995) die Nutz-fläche der Solarpaneele massiv vergrößert wurde (Ley und Hallmann 1999, S. 485).

Der kontrollierte Absturz wurde am 23. März 2001 durch die Triebwerke eines unbemannten Progress-Frachters eingeleitet. Ungefähr 1500 Frag-mente der Station mit einem Gesamtgewicht von 50 t sind beim Wiederein-tritt nicht verglüht, sondern wie geplant in den Pazifik gestürzt. Allerdings lässt sich ein solches *deorbit*-Manöver im Vorfeld nicht genau berechnen, da u. a. eine verstärkte Sonnenaktivität dazu führen kann, dass sich die Erd-atmosphäre ausdehnt und somit die Absturzbahn beeinflusst wird.

Neben den zahlreichen Erfolgen, so wurde u. a. zum ersten Mal Wei-zen im All gezüchtet, gab es leider eine ganze Reihe von Pannen. So wur-den die Kosmonauten Vasily Tsibliyev und Alexander Lasutkin zu tragischen Gestalten und haben auf der MIR die wohl aufregendsten Minuten ihres Lebens verbracht. Am 23. Februar 1997 kämpften sie zunächst gegen ein Feuer an Bord und am 25. Juni 1997 rammte gar ein Progress-Frachter die Station, wodurch es zu einem Druckverlust kam und die Solarpaneelen des Spektr-Moduls beschädigt worden sind, weshalb im Anschluss nicht mehr alle Systeme mit Energie versorgt werden konnten. Ursache hierfür war das Testen des manuellen Verfahrens zum Andocken mit der Bezeichnung TORU, welches eigentlich nur als Backup diente. Anstatt nämlich des bewährten automatischen Andockens mit dem Kurs-Telemetriesystem, das nach dem Zusammenbruch der Sowjetunion in ukrainischen Besitz

---

[7]https://www.history.nasa.gov/SP-4225/mir/mir.htm (27.12.2018).

übergegangen war, wollte sich die russische Raumfahrtbehörde die Lizenz-gebühren sparen. Des Weiteren gab es diverse Probleme mit dem eingesetzten Computer Saljut-5B und es kam zu einem Angriff von Mikroben, die sich von Metall und Glas ernährten.

Mikroben und Pilze sind heute noch ein großes Problem auf einer Raumstation, denn während unbemannte Sonden fast vollständig desinfiziert werden können, ist das in einem Bereich, wo Menschen leben und arbeiten, nicht möglich. Deswegen reduziert man unter anderem die Luftfeuchtigkeit auf einer Raumstation, sodass sich kein Kondensat an der Innenoberfläche bilden kann, da Mikroben unter solchen Bedingungen wesentlich schlechter wachsen können. Allerdings besteht stets die Gefahr, dass diese aufgrund der Strahlung mutieren und dadurch noch gefährlicher werden (Ley und Hallmann 2007, S. 407).

Die Internationale Raumstation ISS

Der Weg zur Internationalen Raumstation ISS (Abb. 2.4) war lang und steinig. Erst gab es das Konzept der amerikanischen Raumstation FREEDOM, woraus das multinationale Projekt ALPHA wurde, woraus später dann die ISS entstand. Das erste Modul wurde am 20. November 1998 mit einer

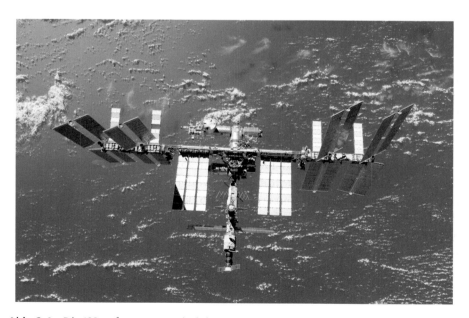

Abb. 2.4   Die ISS aufgenommen bei der STS-130-Mission im Februar 2010

russischen Proton-Rakete in den Orbit befördert, und seit dem 2. November 2000 ist die Station dauerhaft bewohnt. Damit ist die ISS die bisher längste Präsenz von Menschen im All.

Die ISS übertrifft die ehemalige Raumstation MIR bei Weitem. Mit 420 t hat die ISS die dreifache Masse der MIR, und zudem ist der unter Druck stehende Raum wesentlich größer. Ferner gibt es durch das US-Labor Destiny, das japanische Kibo-Modul (Hoffnung) und das europäische Columbus-Modul eine Vielzahl an Möglichkeiten, unterschiedliche wissenschaftliche Experimente durchzuführen. Dennoch war die MIR ein wichtiger Meilenstein auf dem Weg zur ISS, und viele Erfahrungen und Technologien, die dabei gemacht worden sind, wie zum Beispiel die Modulbauweise, sind in die ISS mit eingeflossen. Ferner war die MIR die erste Station mit einer Wasserrückgewinnung, und auch diese kommt bei der ISS zum Einsatz. Auch das Umwelt- und Lebenshaltungssystem der ISS, das ECLSS (Environmental Control and Life Support System), welches das Leben an Bord erst ermöglicht, basiert auf den russischen Erfahrungen. Dieses regelt die Temperatur und stellt den Sauerstoff an Bord zur Verfügung, indem es den Kohlenstoffdioxid und andere Schadstoffe aus der Luft filtert.

Doch während die MIR lediglich sechs Starts für ihre Fertigstellung benötigte, waren es bei der ISS 42. Auf der MIR konnten über einen längeren Zeitraum drei Menschen leben, auf der ISS sind es bis zu sechs. Die acht großen Sonnenpaneele mit bifacialen, d. h. doppelseitig nutzbaren, Solarzellen der ISS produzieren 75–90 kW an elektrischer Leistung. Zudem gibt es noch kleinere Sonnenpaneele an den russischen Modulen der Station. Dies ist notwendig, da der russische Teil der Station, wie auch das Space Shuttle und die meisten anderen Raumfahrzeuge, mit 28 V Gleichstrom betrieben werden, der amerikanische Teil der Station aber 124 V benötigt. Für die Zeit, in der sich die Station im Erdschatten befindet, erfolgte die Energieversorgung zunächst über Nickel-Wasserstoff-Akkus, welche schon beim Hubble-Weltraumteleskop zum Einsatz gekommen waren, und erst seit dem Jahr 2017 wurden diese durch Lithium-Ionen-Batterien ersetzt. Mittels der Radiatoren kann zudem die überschüssige Wärmeleistung an den Weltraum abgegeben werden (Messerschmid und Fasoulas 2011, S. 33).[8]

Der Hauptschwerpunkt der ISS liegt auf der Forschung. Insbesondere auf dem Gebiet der Materialwissenschaften können in der vorherrschenden Mikrogravitation im Erdorbit neue Wege beschritten werden, etwa indem

[8]https://www.nasa.gov/feature/facts-and-figures (06.08.2018).

Stoffe ohne Lunker, d. h. Sauerstoffeinschlüsse, gefertigt werden, außerdem wäre die Untersuchung von Plasmakristallen so auf der Erde nicht möglich, weil die mikroskopischen Teilchen in einem Plasmagas unter dem Einfluss der Schwerkraft herabsinken würden. Die Erforschung der Atombewegung in einem komplexen Plasma in bisher unerreichter Präzision könnte zur Entwicklung besserer Solarzellen und Fortschritten bei der Beschichtung von Oberflächen führen. Ferner werden mit dem 8,5 t schweren und energiehungrigen *Alpha Magnetic Spectrometer* an Bord die geheimnisvolle dunkle Materie sowie der Anteil der Antimaterie in der kosmischen Strahlung erforscht. Dabei konnte ein Überschuss an hochenergetischen Positronen bestätigt werden. Aber auf der ISS wird nicht nur in den Bereichen der Materialphysik oder Astrophysik geforscht, sondern auch in der Medizin. So konnte gegen das verbreitete Leiden chronisch offener Wunden dank dem auf der ISS erforschten MicroPlaSter (Mikrowellen-Plasma-Sterilisator) ein Mittel gefunden werden, um Bakterien abzutöten und die Wundheilung zu fördern. Ein netter Nebeneffekt der Plasma-Erforschung ist die Plasma-Medizin, denn Niedertemperaturplasma hilft nicht nur gegen multiresistente Bakterien, sondern auch gegen Viren und Pilze, und das ohne irgendwelche Nebenwirkungen hervorzurufen. Ferner können dank des portablen Diagnostikgerätes Microflow, durch Fiberoptiken und Laser, innerhalb weniger Minuten Flüssigkeiten wie Blut auf Krebsmarker kontrolliert werden. Zudem können Infektionen, das Stresslevel oder die Qualität des Essens mit dem Gerät nahezu in Echtzeit untersucht werden. Das ist zwar noch nicht ganz die Tricorder-Technologie aus Star Trek, aber schon nahe dran.[9,10]

Im August 2018 wurde im Rahmen des Projektes ICARUS (International Cooperation for Animal Research Using Space) von russischen Kosmonauten eine Antenne an der ISS installiert, mit deren Hilfe Tierwanderungen aus dem All beobachtet werden können, wobei Zehntausende von Tieren mit Miniatursendern ausgestattet wurden. Dabei wollen die Forscher nicht nur etwas über Wanderwege und Distanzen der Tiere erfahren, sondern hoffen auch auf ein Naturkatastrophenfrühwarnsystem, da Tiere oft schon vor einem Erdbeben oder einem Vulkanausbruch auffällige Verhaltensweisen zeigten.[11]

Mit Nachschub versorgt wird die ISS durch unbemannte russische Progress-Frachter, den japanischen HTV, durch die Dragon-Kapsel von SpaceX (Abb. 2.5), den Cygnus-Raumtransporter der Firma Orbital ATK (Abb. 2.6)

---

[9]https://www.heise.de/tr/artikel/Neues-aus-dem-All-1190429.html (07.08.2018).

[10]https://www.nasa.gov/mission_pages/station/research/news/microflow.html (08.08.2018).

[11]https://www.dlr.de/rd/desktopdefault.aspx/tabid-2277/3405_read-47819/ (15.08.2018).

Abb. 2.5 Dragon-Kapsel von SpaceX liefert Nachschub für die ISS

Abb. 2.6 Cygnus-Frachter der Firma Orbital ATK im Anflug zur ISS

sowie durch das europäische ATV (Automated Transfer Vehicle), welches automatisch andocken kann und ebenfalls das ukrainische Kurs-Telemetriesystem verwendet.

Astronauten und Kosmonauten hingegen können nach der Einstellung des Space-Shuttle-Programms im Jahr 2011 nur mit der russischen Sojus-Kapsel zur Station gebracht werden. Ab dem Jahr 2019 sollen hierfür die Dragon-2-Kapsel von SpaceX und die CST-100-Starliner-Kapsel von Boeing eingesetzt werden. Da die russische Raumfahrtbehörde sich die Notsituation der NASA fürstlich bezahlen lässt und ein Platz in der Sojus-Kapsel stolze 81 Mio. $ kostet,[12] würden die Kosten pro Astronaut mit der Dragon-2-Kapsel dramatisch sinken, denn SpaceX hat angekündigt, dass ein Start 133 Mio. $ kosten wird, und da die Dragon-2-Kapsel sieben Astronauten transportieren kann, würden die Kosten pro Sitzplatz nur ein Viertel so hoch sein wie bei der Sojus-Kapsel.

Allerdings ist die Zukunft der ISS offen, da die USA planen, sich aus der Finanzierung zurückzuziehen und eine angedachte Teilprivatisierung fraglich ist. Bislang ist der Betrieb nur bis 2024 gesichert. Die Kosten der ISS für Entwicklung, Aufbau und Betrieb belaufen sich bislang auf 150 Mrd. $.

Space Shuttle und Buran

Ursprünglich sollte das Space Shuttle die bemannte Raumfahrt revolutionieren und eine Art Weltraumtaxi werden. Man war überzeugt, so die Transportkosten ins All drastisch senken zu können. Doch nach zwei Katastrophen und den daraus resultierenden erhöhten Sicherheitsanforderungen kostete jeder Flug ins All Unsummen, und mit Gesamtkosten von über 208 Mrd. $ für 134 Flüge war das Shuttle-Programm das teuerste Raumfahrtprojekt aller Zeiten.[13,14] Dennoch leistete das Space Shuttle wertvolle Dienste. So etwa zur Völkerverständigung bei den Shuttleflügen zur MIR und natürlich beim Aufbau der Internationalen Raumstation ISS (Abb. 2.7). Außerdem konnte das Space Shuttle mit dem Spacelab – einem in europäischer Verantwortung gebauten Weltraumlabor – oder der kleineren Version Spacehab ausgestattet werden, um Forschung in der Schwerelosigkeit

---

[12]https://www.businessinsider.de/space-travel-per-seat-cost-soyuz-2016-9?r=US&IR=T (05.08.2018).
[13]http://www.space-travel.com/reports/High_costs_mixed_record_for_US_space_shuttle_999.html (04.12.2017).
[14]https://www.space.com/12166-space-shuttle-program-cost-promises-209-billion.html (04.12.2017).

Abb. 2.7 Space Shuttle Endeavour mit dem Logistikmodul Leonardo in der geöffneten Ladebucht

zu betreiben. Bei der Reparatur des Hubble-Weltraumteleskops im Erdorbit wurde zudem gezeigt, wie wertvoll die bemannte Raumfahrt ist.

Möglich wurde das Space-Shuttle-System dank der Space Shuttle Main Engine (SSME). Das Haupttriebwerk des Space Shuttles war sehr leistungsfähig, denn jedes der drei Triebwerke lieferte über 1750 kN Schub. Die Triebwerke entstanden in Zusammenarbeit der Firmen Rocketdyne und der deutschen MBB in Ottobrunn, welche heute zum Airbus-Konzern gehört. Da dieses Triebwerk noch immer wertvolle Dienste leistet, wird die neue Schwerlastrakete der NASA, die SLS, ebenfalls auf diese Triebwerke zurückgreifen. Doch abheben und 27,5 t in einen Orbit befördern konnte das Shuttle nur wegen seiner extrem leistungsstarken Booster, die unglaubliche 25.000 kN Schub erzeugten (Abb. 2.8).[15]

Mit der Planung des Space Shuttles begann man noch zu Zeiten des Apollo-Projektes im Jahr 1972. Das erste Space Shuttle bekam den Namen Enterprise, nach dem berühmten Raumschiff aus Star Trek. Auch wenn es hierbei einen kleinen Makel gibt, denn dieses Space Shuttle absolvierte nur

[15]http://company.airbus.com/news-media/press-releases/Airbus-Group/Financial_Communication/2011/07/20110706_astrium_space_shuttle/de_20110706_astrium_space_shuttle.html (14.08.2018).

Abb. 2.8 Space Shuttle Atlantis: Start von STS-129 am Kennedy Space Flight Center

Testflüge innerhalb der Erdatmosphäre, bei denen es Huckepack auf einer umgebauten Boeing 747 in die Lüfte transportiert wurde und sich dann ausklinkte. Es ist nie ins All geflogen.

Auch in der Sowjetunion erkannte man die Vorzüge eines wiederverwendbaren Raumtransporters und entwickelte ab 1976 die Buran (Schneesturm). Einen weiteren Nutzen sah das sowjetische Militär, denn der Gleiter sollte dafür sorgen, dass es auf dem militärischen Sektor ein Gleichgewicht gab, da man befürchtete, dass das amerikanische Space Shuttle dazu eingesetzt werden könnte, sowjetische Satelliten einzufangen oder den erdnahen Orbit zu militarisieren. Am Beginn der Entwicklungsarbeiten gab es aber einige Schwierigkeiten, denn die sowjetischen Ingenieure hatten keine Erfahrung mit Feststoffraketen, die beim Start des Space Shuttles als Booster dienten. Ferner verfügte die Buran nicht über eigene leistungsstarke Triebwerke, sondern hatte nur Manövriertriebwerke. Deswegen entschied man sich, die Buran mit einer Trägerrakete mit Flüssigtreibstoff-Boostern an den Seiten zu starten. So entstand mit der Energija eine der leistungsstärksten Raketen der Welt, welche bis zu 100 t in eine erdnahe Umlaufbahn befördern konnte. Allerdings flog die Buran nur ein einziges Mal unbemannt ins All und die Landung erfolgte per Autopilot.

Die ursprüngliche Idee für wiederverwendbare Raumschiffe lässt sich viel weiter zurückverfolgen. Wie bereits erwähnt, stellten schon in den späten 1930er-Jahren Eugen Sänger und seine Frau Irene Sänger-Bredt ihren Entwurf des Silbervogels vor, und Teile dieses Konzepts sind nie ganz in Vergessenheit geraten. Die US Air Force entwickelte ab Oktober 1957 den Dyna Soar – den Urahn des Space Shuttle, welcher ferner als X-20 bezeichnet wurde und von der Spitze einer Rakete aus gestartet werden sollte. Doch 1963 wurde dieses Projekt eingestellt, da alle Raumfahrtprojekte auf die geplante Mondlandung konzentriert wurden und Kapsellösungen, wie sie beim Mercury- (1959–1963) und später beim Gemini-Programm (1962–1966) zum Einsatz kamen, kostengünstiger und technologisch weit weniger anspruchsvoll waren. Kurioserweise war einer der Piloten, der für dieses X-20-Projekt trainierte Neil Armstrong, welcher bei der Apollo-11-Mission als erster Mensch den Mond betrat.

Die schwersten Stunden ereigneten sich bei den Katastrophen der Space Shuttles Challenger (1986) und Columbia (2003), wodurch insgesamt 14 Menschen starben. Die Challenger explodierte beim Start wegen eines porösen Dichtungsrings an einem der Feststoffbooster. Begünstigt wurde dieses Unglück durch ungewöhnlich kalte Temperaturen in Florida und dadurch, dass man die Sicherheitswarnungen des leitenden Ingenieurs Allan McDonald ignorierte, der frühzeitig auf das Problem aufmerksam gemacht hatte. Die Raumfähre Columbia hingegen brach beim Wiedereintritt auseinander. Grund hierfür waren Schaumstoffteile des externen Zusatztanks, die sich beim Start gelöst und den linken Flügel beschädigt hatten, weshalb der Hitzeschild ein Loch aufwies.

Auf kuriose Weise geriet das Space-Shuttle-Programm im Jahr 2002 in die Schlagzeilen, als die NASA im Internet nach uralten Intel-8086-Chips suchte, da diese im Diagnosesystem des Space Shuttles, welches die seitlichen Booster überwachte, nach wie vor zum Einsatz kamen.[16]

Aktuell befindet sich bei der Firma Sierra Nevada Coporation der Dream Chaser, ein wiederverwendbarer Raumgleiter, welcher zu den *Lifting Body*-Vehikeln gehört, in Entwicklung, und eines Tages könnte dieser zum Transport von Astronauten zur ISS dienen. Dieser ähnelt äußerlich der sowjetischen BOR-4, die im Westen vor allem bekannt wurde, als ein australisches P-3-Orion-Patrouillenflugzeug im Juni 1983 Bilder der Bergung des

---

[16]https://www.heise.de/newsticker/meldung/NASA-sucht-im-Internet-nach-uralten-Chips-59066.html (08.06.2018).

sowjetischen Raumfahrzeugs im Indischen Ozean machte. Aber auch in den USA hat man seit den 1960er-Jahren Erfahrungen mit dieser Art von Vehikeln gesammelt und mit der Martin X-24 A, der Northrop M2-F3 und der Northrop HL-10 verschiedene Ansätze getestet.[17]

Projekte, die leider nicht verwirklich wurden

Viele Politiker haben bereits versucht, in die Fußstapfen von John F. Kennedy zu treten und haben vollmundig spannende Weltraumprogramme angestoßen. So initiierte der amerikanische Präsident George H. W. Bush am 20. Jahrestag der bemannten Mondlandung die Space Exploration Initiative (SEI), welche eine eigene amerikanische Raumstation, die Rückkehr zum Mond und eine bemannte Marslandung bis 2019 vorsah. Vier Jahre nach Ankündigung wurde das Programm wieder eingestampft und die NASA hatte bis dato nicht einmal eine eigene Abteilung dafür gegründet (Sagan 1996, S. 281).

Fast 25 Jahre später verkündete sein Sohn George W. Bush am 14. Januar 2004, ebenfalls als US- Präsident, das Constellation-Programm der NASA, welches wiederum eine Rückkehr zum Mond und später eine bemannte Marslandung vorsah, doch auch dieses Programm bekam nie die finanzielle Ausstattung, die es gebraucht hätte, und der *Augustine Report* 2009 begrub das Projekt. Statt bemannt zum Mond zurückzukehren, schlug die Kommission eine bemannte Mission zu einem Asteroiden vor.

Auch in Deutschland hatte man Raumfahrt-Visionen und arbeitete von 1961 bis 1974 an einer Studie für einen Raumgleiter, den man auf „Sänger" taufte, und Ende der 1980er-Jahre an einem europäischen Raumfähren Konzept namens „Sänger-II", wobei einige der Ideen des Silbervogel-Konzeptes aufgegriffen worden sind. Gerade das Sänger-II-Projekt war aufgrund einer luftatmenden ersten Stufe und einem klassischen Raketenantrieb in der zweiten Stufe sehr vielversprechend. Prof. Heinz Stoewer, Mitglied des Aufsichtsrates von OHB, ist der Meinung, dass das Sänger-Konzept überzogen und zur damaligen Zeit nicht machbar gewesen sei. Die technologischen Herausforderungen dafür aber lösbar seien, wenn man diese Schritt für Schritt angehen würde und es ambitionierte Ziele für den Fortschritt brauche.[18]

---

[17]https://www.nasa.gov/topics/technology/features/hl20-recognition.html (18.08.2018).
[18]Interview mit Heinz Stoewer am 22.11.2017.

Doch stand dieses Projekt in Konkurrenz zum französisch geführten europäischen Hermes-Projekt und typisch für nationale Egoismen: Statt sich auf ein Konzept zu einigen, stellte man aus Kostengründen beide ein. Aber auch wenn alle diese Projekte nie realisiert wurden, gibt es heute immer noch ein Überbleibsel, das bei Flüssigraketen verwendet wird, und zwar den „regenerierenden Motor". Der Treibstoff wird in Rohren um die Brennkammer geleitet, und dadurch wird die Brennkammer gekühlt und der Treibstoff erwärmt. Heutzutage wird auch in Europa wieder an einem ähnlichen Konzept geforscht, denn das „Hopper-Projekt" hat viele Gemeinsamkeiten mit Sängers Ideen. Momentan arbeitet man an dem Technologiedemonstrator „Phoenix", der 2004 einen ersten Testflug absolviert hat.

Der Programm-Koordinator des europäischen Aurora-Programms Franco Ongaro brachte es auf den Punkt, als er sagte: *„Kaum jemand erinnert sich an die Vorgängerin der spanischen Königin Isabella oder an ihre Nachfolgerin. Und Isabella selbst ist vor allem wegen einer Tat im Gedächtnis geblieben: Weil sie Kolumbus Geld für seine Expedition gegeben hat."* (Marsiske 2005, S. 43).

Literatur

Alisch, T. (2009). *Geschichte der Raumfahrt*. München: Compact.

Harford, J. (1997). *Korolev – How one man masterminded the Soviet to beat America to the moon*. New York: Wiley.

Kohn, M. (2010). *Handbuch Weltraumtourismus*. Köln: Bastei Lübbe.

Ley, W., & Hallmann, W. (1999). *Handbuch der Raumfahrttechnik*. Leipzig: Fachbuchverlag.

Ley, W., & Hallmann, W. (2007). *Handbuch der Raumfahrttechnik*. München: Hanser.

Marsiske, H.-A. (2005). *Heimat Weltall – Wohin soll die Raumfahrt führen?*. Frankfurt a. M.: Suhrkamp.

Messerschmid, E., & Fasoulas, S. (2011). *Raumfahrtsysteme*. Heidelberg: Springer.

Sagan, C. (1996). *Blauer Punkt im All*. München: Droemer Knaur.

Siefarth, G. (2001). *Geschichte der Raumfahrt*. München: Beck.

von Braun, W. (1971). *Space Frontier*. New York: Holt, Rinehart Winston.

3

Wozu Raumfahrt?

Ich gehöre zu der Generation, die noch zwischen Verstand und Vernunft unterscheidet. Von diesem Standpunkt ist die Raumfahrt ein Triumph des Verstandes, aber ein tragisches Versagen der Vernunft!

MAX BORN (1882–1970)

Jeder hat schon einmal die Argumente gegen die Raumfahrt, speziell die bemannte Raumfahrt, gehört. Sollten wir uns nicht auf unsere Erde konzentrieren und zunächst unsere eigenen Probleme lösen, bevor wir zu fremden Welten aufbrechen? Sollten wir deshalb nicht all unsere Ressourcen und unsere Tatkraft in „sinnvollere" Projekte investieren? Dabei denken die meisten Menschen daran, den Hunger zu beseitigen, Krankheiten zu besiegen oder das globale Bildungssystem zu verbessern.

Alles lobenswerte und erstrebenswerte Ziele, doch die Realität zeigt uns, dass Hunderte von Milliarden Euro nicht dafür, sondern anderweitig ausgegeben werden. Dass man Jahrzehnte nach dem Ende des kalten Krieges nicht die Rüstungsausgaben zurückgefahren, sondern sich neue Feinde gesucht hat und die globalen Verteidigungsausgaben Jahr für Jahr neue Höchststände erklimmen und schon lange die Billionengrenze überschritten haben.

Die Raumfahrt ist zunächst – wie jede Grundlagenforschung – ein Kostenfaktor und benötigt große Budgets. Dieses Geld wird allerdings nicht in der Brennkammer einer Rakete verbrannt, sondern fließt in den Wirtschaftskreislauf. Auf den ersten Blick scheint sich der Nutzen der Raumfahrt für die überwiegende Mehrheit der Menschen in Grenzen zu halten. Doch enthüllt ein etwas tieferer Blick, dass die Raumfahrt unser Leben

© Springer-Verlag GmbH Deutschland, ein Teil von Springer Nature 2019
S. Piper, *Space – Die Zukunft liegt im All,* https://doi.org/10.1007/978-3-662-59004-1_3

entscheidend verbessert hat und uns sogar dabei hilft, die oben genannten Probleme zu lösen.

Dank der Raumfahrt wissen wir heute mehr über unseren Planeten als jemals zuvor. Zahlreiche Satelliten umkreisen unseren Planeten und liefern uns kontinuierlich Daten: über das Wetter, die Meeresströmungen, Klimaänderungen, und selbst Waldbrände in wenig dicht besiedelten Gebieten werden heutzutage von Satelliten entdeckt. Erst anhand dieser Daten wissen wir vom Klimawandel und dass dieser insbesondere die Hungerproblematik verschärfen und damit Flüchtlingsströme verursachen wird, da ganze Regionen der Erde zukünftig unbewohnbar sein werden. Auch wenn die derzeitige US-Administration skeptisch gegenüber dem Klimawandel ist, konnten die Europäer mit den Sentinel-Satelliten belastbare Daten dafür sammeln.

Des Weiteren zeigen uns Satellitendaten das Bevölkerungswachstum von Städten und liefern somit Informationen über die Ausbreitung von Slums, schneller und exakter, als es sonst möglich wäre. Ohne diese Informationen wäre es schwierig, den notwendigen Wasser- und Strombedarf im Vorfeld zu bestimmen, und es wäre auch nicht möglich, den öffentlichen Nahverkehr hierauf abzustimmen.

Für uns ist ferner Satellitenfernsehen selbstverständlich, auch dass uns Reporter live von den Brennpunkten dieser Welt berichten, was ohne Satelliten nicht möglich wäre. Vor Telstar, dem ersten Satelliten für interkontinentale Datenübertragungen, mussten Informationen mithilfe von Tiefseekabeln oder Funkwellen übertragen werden. Außerdem haben wir uns daran gewöhnt, im Auto nicht mehr Straßenkarten zu lesen, sondern den Zielort in das GPS-Navigationssystem einzugeben. Selbst während eines Fluges verlassen wir uns darauf, im Internet zu surfen und soziale Medien nutzen zu können. Aber dieser würde ohne Satelliten gar nicht stattfinden, da moderne Passagierflugzeuge bei unserem heutigen Luftverkehrsaufkommen ohne Satellitennavigation ihren Weg am Himmel nicht mehr finden würden.

Zukünftig wird man noch einen Schritt weitergehen und u. a. Rettungsmaßnahmen bei Naturkatastrophen aus dem Orbit koordinieren, indem Satelliten Livebilder zur Erde senden. Außerdem werden dank Satelliten demnächst mehrere Milliarden Menschen in Entwicklungsländern erstmalig und flächendeckend Zugang zum Internet haben.

Wie die folgenden Seiten zeigen, gibt es viele weitere Gründe, die dafür sprechen, Raumfahrt zu betreiben. Doch auch wenn jemanden all diese Gründe nicht überzeugen, gibt es doch einen Faktor, auf den man sich verlassen kann – die menschliche Gier. Im Asteroidengürtel, auf dem Mond und Mars warten gigantische Rohstoffvorkommen voller Edelmetalle, und früher oder später werden diese abgebaut werden.

Entdeckerdrang

„Wenn Du ein Schiff bauen willst, dann trommle nicht Männer zusammen, um Holz zu beschaffen, Aufgaben zu vergeben und die Arbeit einzuteilen, sondern lehre die Männer die Sehnsucht nach dem weiten, endlosen Meer." Dieses Zitat stammt vom französischen Piloten und Schriftsteller Antoine de Saint-Exupéry (1900–1944), der vor allem durch das moderne Märchen „Der kleine Prinz" weltberühmt wurde. Es verdeutlicht, dass Menschen Großes leisten können, wenn sie überzeugt sind von dem, was sie tun und eine intrinsische Motivation besitzen.

Die längste Zeit lebten die Menschen als Nomaden und konnten buchstäblich nur bis zum Horizont schauen. Sie wussten nicht, was sich dahinter verbarg. Jedwedes Entfernen vom angestammten Gebiet brachte nicht nur Unsicherheit, sondern auch Gefahr. Man wusste nicht, ob sich eine Erkundung lohnen würde, ob es besser oder schlechter sein würde.

Seit dem Ende der letzten Eiszeit wurde die Menschheit sesshaft, erste Siedlungen und steinerne Monumente entstanden, wie z. B. in Göbekli Tepe in der Türkei. Seit jener Zeit hat sich das Wissen enorm verbreitet, und gegenwärtig spricht man gar von einer Wissensexplosion. Angetrieben durch die digitale Revolution, steht der aktuellen Generation ein gewaltiger Informationsfluss zur Verfügung, und Menschen scheinen ein generelles Bedürfnis nach neuen Informationen zu haben. Jede Generation hatte dabei ihre eigenen Forscher und Pioniere. Viele waren ihrer Zeit voraus und wurden als Fantasten abgestempelt oder kamen gar in Konflikt mit dem herrschenden System.

Da es auf der Erde immer weniger zu entdecken gibt, wird sich die zukünftige Generation weiter hinauswagen müssen, um diesen Entdeckerdrang, die Suche nach etwas Neuem, stillen zu können.

Innovationskraft und Nutzen der Raumfahrt

Breakthrough-Technologien wie die Dampfmaschine (welche die industrielle Revolution und die Entwicklung von Lokomotiven ermöglichte), das Flugzeug und der Transistor lösten oft eine Kaskade sekundärer Erfindungen aus.

Innovationen und technologische Durchbrüche entstehen nicht aus dem Nichts und lassen sich auch nicht mit Geld kaufen. Manchmal entstehen diese sogar nur als „Abfallprodukt".

Als John F. Kennedy seine inspirierende Rede hielt und als Ziel den Mond ausgab, hatten die USA gerade zweimal 15-minütige Erfahrungen mit bemannten Weltraumflügen gesammelt und lagen im *Space Race* deutlich hinter der Sowjetunion zurück. Eine Rakete, die den Mond hätte erreichen können, ein Mondraumschiff und selbst Kopplungsmanöver im All waren zu diesem Zeitpunkt reine Zukunftsmusik. Dennoch gelang es den USA innerhalb von 9 Jahren Menschen auf den Erdtrabanten zu schicken.

Dies war ein ungeheurer Kraftakt einer ganzen Nation. Zahlreiche heutige Erfindungen wie z. B. die kompakte Computertechnik, der Akkubohrer, die Brennstoffzelle und die Solartechnik gehen auf das Apollo-Programm zurück bzw. wurden durch dieses Projekt einer größeren Öffentlichkeit bekannt. Zudem war man gezwungen, zahlreiche Firmen und Menschen zu organisieren und zu koordinieren, weshalb durch die bemannte Mondlandung dem Projektmanagement weltweit zum Durchbruch verholfen wurde.

Die bemannte Mondlandung inspirierte viele junge Menschen sich für Technik zu interessieren. Als zum ersten Mal die amerikanische Flagge auf dem Mond gehisst wurde, war dies ein Symbol für die gesamte Menschheit. Sie zeigte, was möglich ist, wenn viele Menschen zusammenarbeiten und motiviert sind. Ein Symbol für Fortschritt und Teamwork, für Beharrlichkeit und Flexibilität, für die Leistungsfähigkeit einer Gesellschaft mit einem klaren Ziel vor Augen. Dass die Mondlandung auch wirtschaftlich sinnvoll war und nicht nur ihre Kosten gedeckt hat, sei nur am Rande erwähnt.[1] Allerdings sei erwähnt, dass viele Raumfahrtenthusiasten gehofft hatten, dass nach der erfolgreichen Mondlandung eine Reise zum Mars unternommen würde. Diese Hoffnungen wurden schnell enttäuscht, denn mit dem Ende des Apollo-Programms trat die Raumfahrt in eine neue Phase mit deutlich geringeren Budgets und weniger ambitionierten Zielen ein. Statt einer bemannten Marsmission konzentrierte man sich die nächsten Jahrzehnte auf den erdnahen Raum. Hier spielte auch das Thema Völkerverständigung eine große Rolle. 1975 gab es das bereits erwähnte Apollo-Sojus-Projekt, bei dem es – mitten im kalten Krieg – zu einem amerikanisch-sowjetischen Rendezvous im All kam.

Daneben half uns die Erforschung anderer Planeten auch dabei, etwas über unsere Erde zu erfahren. So wurde die Gefahr für die irdische Ozonschicht durch Fluorchlorkohlenwasserstoffe (FCKW) entdeckt, als Wissenschaftler mit Unterstützung der NASA die Häufigkeit chemischer Reaktionen von Chlor und anderen Halogenen in der Venusatmosphäre untersucht haben (Sagan 1996, S. 237).

Außerdem ist die Raumfahrt die treibende Kraft bei den Themen Leichtbau und Energieeffizienz. Jedes Kilogramm, das ins All geschossen wird,

---

[1]Konservative Schätzungen gehen davon aus, dass für jeden US-Dollar, der für das Apollo-Programm ausgegeben worden ist, 7 bis 8 US$ in die Wirtschaft zurückgeflossen sind.

verursacht noch enorme Kosten, und eine einmal gestartete Planetensonde muss für mehrere Jahre ohne Wartung funktionieren. Dabei kommt es auf jedes Gramm Gewicht und jedes Watt an elektrischer Leistung an.

Einen großen Nutzen bringt die Weltraummedizin, und diese rettet förmlich Leben. So wurden mehrere neue Sensoren und Technologien entwickelt, um den Gesundheitszustand eines Astronauten an Bord einer Raumstation überwachen zu können. Heutige Wearables, wie Fitnessarmbänder, haben hierin ihren Ursprung. Selbst moderne Rauchmelder[2] gehen auf das Skylab-Programm zurück, da Feuer an Bord einer Raumstation eine ernste Gefahr ist. Außerdem ist die Aufbereitung von Wasser für das Leben auf einer Raumstation unerlässlich, weshalb auch Trinkwasserfilter hierauf zurückzuführen sind. Zudem investierte die NASA in die Entwicklung schockabsorbierender und komfortabler Materalen für künstliche Gliedmaßen für Roboter, doch dies hilft auch Menschen und Tieren, welche auf Prothesen angewiesen sind.[3,4]

Als weiteres *Spin-off* (Nebenprodukt) der Raumfahrtforschung ist ferner die Unterstützung der Archäologie zu erwähnen. Luftaufnahmen helfen schon lange dabei, Archäologen auf interessante Gebiete aufmerksam zu machen, die ihnen sonst entgehen würden. Seit einigen Jahren bekommen die Archäologen aber sogar aus dem All Unterstützung. Zudem liegt der Ursprung der digitalen Fotografie ebenfalls in der Raumfahrt, da für aufgenommene Satellitenbilder ein System entwickelt werden musste, das diese sofort verarbeitet.

Unbemannte oder bemannte Raumfahrt?

Unbemannte Sonden haben viel zu unserem Wissen beigetragen, und durch Fortschritte in der Robotik werden Rover und Orbiter immer eigenständiger. Außerdem brauchen sie kein Lebenserhaltungssystem und auf der Erde wartet niemand auf ihre Rückkehr. Häufig wird von Befürwortern der bemannten Raumfahrt angeführt, dass nur Menschen flexibel auf Abweichungen reagieren und Probleme lösen können und dass ein Mensch einer Maschine überlegen ist. Noch. Denn schon bald werden Maschinen

---

[2]Dank der NASA wurde ein Rauchmelder entwickelt, der deutlich weniger Fehlalarme auslöst.

[3]https://www.philips.de/c-w/malegrooming/philips-space/space/10-raumfahrterfindungen-die-uns-im-alltag-nutzen.html (03.09.2018).

[4]https://spinoff.nasa.gov/Spinoff2008/tech_benefits.html (03.09.2018).

ebenfalls flexibel reagieren und Probleme lösen können und anders als Menschen werden Maschinen in der Lage sein, ein Objekt im gesamten elektromagnetischen Spektrum untersuchen zu können und damit menschlichen Untersuchungen vor Ort überlegen sein. Welchen Sinn hat dann noch die bemannte Raumfahrt?

Doch bei der Raumfahrt geht es nicht allein um die Ansammlung von Wissen. Es geht auch um Symbole, Emotionen und Leidenschaft. Wie viele Menschen wissen noch, welche unbemannte Sonde als erste auf dem Mond gelandet ist? Den ersten Menschen hingegen, der den Erdtrabanten betrat, kennt fast jeder. Sowohl bei der Apollo-13-Mission als auch bei den großen Space-Shuttle-Katastrophen war das Interesse und die Anteilnahme weltweit riesig. Probleme bei automatischen Missionen wecken zwar das Interesse von Raumfahrtenthusiasten, bringen aber die breite Masse kaum dazu, mitzufiebern und die Daumen zu drücken.

Unbemannte vs. bemannte Raumfahrt ist vergleichbar mit der Fußball-Weltmeisterschaft der Roboter (RoboCup) – zum ersten Mal 1996 ausgetragen – im Vergleich zur FIFA-Fußball-Weltmeisterschaft. Erstere interessiert ein paar Menschen, Letztere ist eines der größten Sportereignisse des Planeten. Wir lieben es, unsere Helden anzuspornen, im Erfolgsfall mit diesen mitzufeiern und im Fall der Niederlage diese gnadenlos zu verurteilen und leidenschaftlich einen „Schuldigen" zu suchen.

Wenn zum ersten Mal Menschen den Mars betreten würden, wäre dies ein Schritt in eine neue Ära. Womöglich sogar der Beginn einer neuen industriellen Revolution.

Eine Frage des Überlebens

Jede nicht Raumfahrt betreibende Zivilisation ist nicht nur vom Aussterben bedroht, sondern wird früher oder später tatsächlich aussterben. In der Erdgeschichte gab es schon eine ganze Reihe an Massensterben, und schon mehrfach haben Wissenschaftler wie Michio Kaku vorgeschlagen, dass die Menschheit eine Spezies auf zwei Planeten werden muss.

Bereits in meinem Buch „Exoplaneten – Die Suche nach einer zweiten Erde" bin ich in Kap. 9 unter „Was bedroht das Leben" ausführlich hierauf eingegangen, weshalb ich hier an dieser Stelle nur kurz zusammenfassen möchte.

Neben einer Vielzahl von irdischen Gefahren, wie dem Ausbruch eines Supervulkans, einer globalen Eiszeit oder einer Pandemie, gibt es auch externe Gefahrenquellen für das Leben auf der Erde.

Die Gefahr, welche von Asteroiden- oder Kometeneinschlägen ausgeht, ist auch heute nicht zu unterschätzen, und kurioserweise ist es unsere kriegerische Natur, die uns die Möglichkeit gibt, uns hiervor zu schützen. Eine weniger aggressive Spezies hätte womöglich nie Raketen und Sprengköpfe mit kernphysikalischer Reaktion entwickelt und deshalb nur geringe Chancen, einen Asteroiden auf Kollisionskurs abzulenken.

In der Vergangenheit haben kosmische Geschosse die Erde schon oft getroffen und dem irdischen Leben den einen oder anderen Rückschlag verpasst. Das letzte Mal, dass ein größerer Brocken die Erde getroffen hat, war 1908 in Sibirien. Bei diesem sogenannten Tunguska-Ereignis gab es nicht nur ein seltsames Glühen über Europa und Asien, sodass man nachts in London noch Zeitung lesen konnte, sondern es wurden zudem dutzende Quadratkilometer an Waldfläche verwüstet.

Darüber hinaus könnte uns unsere Sonne gefährlich werden. So legte ein Sonnensturm 1989 große Teile des kanadischen Stromnetzes beim sogenannten *Quebec Blackout* flach. Bereits zuvor, im August 1859, traf uns gar ein Jahrhundertsonnensturm, der heutzutage angesichts der komplexen Technik in unserer Stromversorgung und Telekommunikation verheerende Folgen haben würde, damals aber nur die Telegrafenleitungen zum Glühen gebracht und vereinzelt Brände verursacht hat.[5]

Zudem gibt es noch wesentlich energieintensivere Strahlung, welche bei einer Supernova-Explosion oder einem Gammastrahlenausbruch freigesetzt wird und die das Leben auf der Erde schlagartig auslöschen könnte, sofern sie sich in kosmischer Nachbarschaft ereignet. Ob man hiervor auf einen anderen Körper unseres Sonnensystems geschützt wäre, würde davon abhängen, ob zwischen Strahlungsquelle und Aufenthaltsort sich gerade die Sonne befindet.

Damit das Überleben der Menschheit gesichert ist, müssen zwangsläufig andere Himmelskörper kolonisiert werden. Denn sollte es auf der Erde eine globale Katastrophe geben, würden aufgrund chemischer und biologischer Abbaureaktionen innerhalb weniger Jahrhunderte alle Spuren menschlichen Wirkens auf der Erde verschwunden sein. Nur auf dem Mond werden die menschlichen Hinterlassenschaften des Apollo-Programms und der anderen Mondmissionen auch in Jahrtausenden noch sichtbar sein. Fünf der sechs bei den Mondlandungen aufgestellten Flaggen stehen noch heute, wie Bilder des Lunar Reconnaissance Orbiter (LRO) zeigen, lediglich die Fahne von Apollo 11 ist wohl beim Start der Mondfähre umgefallen. Auch wenn die

---

[5]http://www.spiegel.de/wissenschaft/weltall/sonneneruptionen-es-war-der-perfekte-sturm-a-271661.html (27.11.2017).

Fahnen durch die Sonnenstrahlung inzwischen ausgeblichen sind. Selbst die Fußabdrücke der Astronauten sind noch heute sichtbar.[6]

Allerdings stellt der technologische Fortschritt selbst auch eine Gefahr dar. Am gefährlichsten für eine Zivilisation sind nämlich die Übergänge, wie zum Beispiel der Eintritt in das Atomzeitalter gezeigt hat. Eine kriegerische Natur gepaart mit dem technischen Wissen über die Herstellung von Massenvernichtungswaffen ist gefährlich. Denn durch Massenvernichtungswaffen können die Schäden und Folgen global auftreten. Das größte Problem hierbei ist, dass sich das moralisch und ethische Verhalten nicht so schnell weiterentwickelt wie die Technologie.

Doch so sehr wir uns auch anstrengen, innerhalb der nächsten 5 Mrd. Jahren wird es in unserem Sonnensystem ungemütlich. Dann bläht sich die Sonne zu einem roten Riesen auf und wird die inneren Planeten unseres Sonnensystems verschlucken. Doch bereits zuvor wird die Erde für die Menschheit unbewohnbar werden, da Sterne mit zunehmendem Alter immer heißer werden und das Wasser auf der Erde verdampfen wird.

Damit nicht nur die technischen Sonden, welche das Sonnensystem bereits verlassen haben, sondern auch die Kultur und das Wissen der gesamten Menschheit erhalten bleiben, ist ein größerer Aufwand nötig. Deshalb reicht es nicht, sich nur im Sonnensystem auszubreiten, sondern die Menschheit muss ein Volk von Sternreisenden werden.

Literatur

Sagan, C. (1996). *Blauer Punkt im All*. München: Droemer Knaur.

---

[6]https://science.nasa.gov/science-news/science-at-nasa/2009/17jul_lroc (19.12.2017).

4

Aktuelle Raketen und zukünftige Trägersysteme

*Es stimmt, die Erde ist die Wiege der Menschheit, aber
der Mensch kann nicht ewig in der Wiege bleiben.
Das Sonnensystem wird unser Kindergarten.*

KONSTANTIN ZIOLKOWSKI (1857–1935)

Bereits Jules Verne beschrieb 1865 in seinem Werk „De la terre à la lune"
(Von der Erde zum Mond), wie Menschen mit einer Kapsel, die aus einer
Kanone geschossen wird, zum Mond reisen, auch wenn dies aufgrund der
auftretenden g-Kräfte sicherlich keine gute Idee ist.

Heute ist unser bevorzugtes Transportmittel die Rakete, genauer gesagt
das chemische Raketentriebwerk, das so genannt wird, da eine chemische
Reaktion stattfindet. Raketentriebwerke arbeiten nach dem Rückstoßprin-
zip, das durch Newtons drittes Axiom actio = reactio definiert ist.

$$\Delta v = v_e \ln \frac{m_0}{m_f}$$

Außerdem beschreibt die Raketengrundgleichung, welche zum ersten Mal
1903 von Ziolkowski aufgestellt wurde, die grundlegende Gesetzmäßigkeit.
Demnach spielt für die Geschwindigkeitsänderung Δv neben der Anfangs-
masse m_0 und der Endmasse m_f noch die effektive Ausströmgeschwindigkeit der Gase v_e (wo der spezifische Impuls mit einfließt) eine Rolle. Um in
einen Erdorbit eintreten zu können, muss man mindestens die sogenannte
erste kosmische Geschwindigkeit – auch Kreisbahngeschwindigkeit genannt –

Die Originalversion dieses Kapitels wurde revidiert. Ein Erratum ist verfügbar unter
https://doi.org/10.1007/978-3-662-59004-1_11

von 7,9 km/s (etwa 28.000 km/h) erreichen. Diese Gleichung ist auch der Grund warum bis heute Mehrstufenraketen eingesetzt werden, da durch das Abtrennen ausgebrannter Stufe und damit das Abwerfen unnötiger Masse eine höhere Geschwindigkeit erreicht werden kann. Für einen Startvorteil bietet sich zudem ein Startplatz in der Nähe des Äquators an, von dem man in Richtung Osten startet, da so die Erdrotation einen positiven Effekt hat (Abb. 4.1).

Bei den chemischen Raketentriebwerken unterscheidet man zwischen Feststoff-, Flüssigkeits- und Hybridraketen. Die ersten Raketen waren Feststoffraketen, und diese können auf eine lange Geschichte zurückblicken, wohingegen die Entwicklung der ersten Flüssigkeitsrakete ein echter Meilenstein war und die Raumfahrt, so wie wir sie heute kennen, erst möglich machte.

Eine einmal gezündete Feststoffrakete lässt sich nicht mehr aufhalten und somit ist ein Startabbruch nicht möglich, während dies bei einer Flüssigkeitsrakete kein Problem ist und diese zudem wiederzündbar ist. Für wiederzündbare Raketentriebwerke muss der Treibstoff allerdings unter

Abb. 4.1 Space Shuttle Endeavour durchbricht die Wolkendecke beim Start von STS-134

den richtigen Druck- und Temperaturbedingungen vorliegen, was nicht einfach zu bewerkstelligen ist. Zumal die äußeren Bedingungen auf der Startrampe, während des Flugs durch die Atmosphäre und beim Erreichen des Alls ständig wechseln.

Außerdem haben Feststoffraketen nur eine kurze Brenndauer und sind nicht so effizient, was die Ausnutzung des Treibstoffs betrifft. Ferner lässt sich bei einer Flüssigkeitsrakete der Schub besser kontrollieren. Ähnlich wie beim Autofahren, wo man über das Gaspedal steuert, wie viel Sprit in die Brennkammer des Motors injiziert wird, wird bei der Flüssigkeitsrakete der Brennstoff und das Oxidationsmittel über Ventile gesteuert und in der Brennkammer zusammengeführt. Dennoch werden heutzutage auch Feststoffraketen in der Raumfahrt eingesetzt, allerdings meist nur als Booster, um einer Flüssigkeitsrakete „Starthilfe" zu geben oder als Oberstufe.

Daneben gibt es noch Hybridraketen. Diese wurden mit der GIRD-09 zum ersten Mal 1933 in der Sowjetunion gestartet, diese verwendete festen Treibstoff kombiniert mit einem flüssigen Oxidator. Zwar besitzt dieser Raketentyp ein paar Vorteile gegenüber Feststoffraketen (z. B. ist das Triebwerk abschalt- und wiederzündbar), doch ist deren Wirkungsgrad geringer als bei modernen Flüssigkeitsraketen, da die Vermischung der beiden Treibstoffe nicht so einfach wie beim Zerstäuben unter Hochdruck ist. Heutzutage verwendet das SpaceShipOne ein solches Antriebssystem.

Alle Raketen haben das Problem, dass sie ihren eigenen Treibstoff transportieren müssen, was sie groß und schwer macht. Zudem verursachte lange Zeit jeder Raketenstart zusätzlichen Weltraumschrott, während die Anzahl der natürlichen Mikrometeoriten, die aus dem Zerbrechen von Kometen und Asteroiden hervorgehen, annähernd gleich bleibt. Doch jede abgetrennte Schutzkappe und jede abgesprengte Oberstufe erhöht die Anzahl der Partikel im Orbit und damit die Kollisionsgefahr (Ley und Hallmann 2007, S. 128).

New-Space-Anbieter

In den letzten Jahren wurden aufgrund der immer größeren Privatisierungsbestrebungen vonseiten der NASA zahlreiche neue Firmen gegründet. Diese verzichten auf eine überbordende Bürokratie und agieren sehr zielorientiert. Durch die Förderung innovativer Ideen und das Hinterfragen des Status quo, gepaart mit einer großen Risikobereitschaft und einer strikten Kostenorientierung, haben diese Anbieter große Bewegung in den Markt gebracht. Man spricht sogar von einem *Second Space Race*.

Zwar gibt es darüber hinaus immer mehr aufstrebende asiatische Wettbewerber, dennoch will ich mich auf den folgenden Seiten auf die erfolgreichsten amerikanischen Start-ups konzentrieren. Allerdings sollte nicht unerwähnt bleiben, dass China die neue Rakete Langer Marsch 7 entwickelt und seitdem zweimal erfolgreich gestartet hat, dass die japanische Firma Interstellar Technologies zuletzt mehrere Rückschläge mit ihrer MOMO-2-Rakete hatte, da diese beim Start explodierte oder kurz nach dem Start der Funkkontakt abbrach und es dem privaten chinesischen Unternehmen One-Space im Jahr 2018 gelang, erfolgreich seine Rakete OS-XO zu starten.

Zudem haben amerikanische Start-ups wie SpaceX und Blue Origin wiederverwendbare Raketen entwickelt. Hier handelt es sich auch um einen Wettstreit zweier finanziell potenter Internetunternehmer. Auf der einen Seite PayPal-Mitgründer Elon Musk, auf der anderen Seite Amazon-Gründer Jeff Bezos. Beide sind Visionäre, die bereits mehr als eine Branche verändert haben und mit ihren Ideen, ihrer Arbeit und ihrem Engagement unser Zeitalter prägen.

SpaceX

SpaceX ist bereits heute etabliert im Raumfahrtsektor und aktuell der Taktgeber für neue Innovationen. Dabei dachte Elon Musk zunächst nicht daran, eigene Raketen zu entwickeln, sondern wollte die russisch-ukrainische Trägerrakete *Dnepr* kaufen, welche auf der größten sowjetischen Interkontinentalrakete basiert, um kleinere Nutzlasten in den Orbit bringen zu können. Doch kam es nicht zu diesem Deal, und deshalb gründete er 2002 seine eigene Raumfahrtfirma. In der Anfangsphase wurde diese von Risikokapitalgebern unterstützt, zudem investierte Elon Musk 100 Mio. $ aus eigener Tasche. Dennoch geriet SpaceX aufgrund mehrerer Fehlstarts der selbstentwickelten zweistufigen Falcon-1-Rakete in schwieriges Fahrwasser und viele etablierte Anbieter machten sich über die Kollegen von SpaceX lustig. Erst der vierte Start der Falcon-1-Rakete am 28. September 2008 war erfolgreich, und die erste privatfinanzierte Rakete erreichte einen Orbit.

Doch brachte dieser Meilenstein nicht sofort eine spürbare Verbesserung, und als SpaceX im Dezember 2008 kurz vor dem Konkurs stand, wurde das Unternehmen förmlich in letzter Sekunde von der NASA durch den 1,6 Mrd. $ schweren *Space Station Resupply Services Contract* gerettet. Dieser Vertrag umfasste 12 Versorgungsflüge zur ISS. Zudem profitierten sie von der Risikobereitschaft der luxemburgischen Firma SES, da diese frühzeitig bereit war, ihre Satelliten mit Raketen von SpaceX zu starten.[1]

Allerdings hat auch die NASA durch ihr Engagement bei SpaceX viele Vorteile, und anders als es von Verantwortlichen in Europa oft dargestellt wird, handelt es sich um eine Win-Win-Situation. Denn die im Zeitraum

---

[1]https://www.nasa.gov/offices/c3po/home/CRS-Announcement-Dec-08.html (02.09.2018).

von 2006 bis 2011 investierten 396 Mio. $ bei SpaceX ermöglichten die Entwicklung der Falcon-9-Rakete und der Dragon-Kapsel, und das zu zehnmal geringeren Kosten als es die NASA hätte tun können. Und dies sagt niemand anderes als die NASA selbst.[2]

Infolgedessen ereignete sich der nächste große Erfolg im Jahr 2012, als SpaceX es schaffte, die erste Versorgungs-Kapsel zur ISS zu schicken. Der endgültige Durchbruch kam im Dezember 2015 mit der ersten sanften Landung der ersten Stufe einer Falcon-9-Rakete, beim 20. Flug, nachdem ein Satellit erfolgreich in einen Orbit gebracht worden war. Im selben Jahr investierte zudem der Internetgigant Google 1 Mrd. $ in eine Kooperation mit SpaceX, und heute hat die Firma einen Wert von über 20 Mrd. €. Spekulationen, dass Elon Musk die Firma nur gegründet habe, um diese gewinnbringend zu verkaufen, bewahrheiteten sich nicht.

Dabei unterscheidet sich das Arbeiten bei SpaceX von dem Arbeiten bei konventionellen Raumfahrtfirmen. Denn Elon Musk gelang es nicht nur außerordentlich talentierte Leute um sich zu scharen, die von der Leidenschaft für ihre Arbeit angetrieben werden, sondern er hat zudem auch ein offenes Ohr für revolutionäre Ansätze. Einer dieser talentierten Leute ist Hans Koenigsmann, der Elon Musk zufällig bei einem Startwochenende mit Amateurraketen in der Mojave-Wüste kennengelernt hat. Dieser sagte mir über das Arbeiten bei SpaceX: *„Es ist weniger hierarchisch und mehr darauf angelegt, schnell Ergebnisse zu erzielen.“* Zudem sind alle Mitarbeiter von dem Gedanken angetrieben, die Menschheit zu einer multiplanetaren Spezies zu machen. Koenigsmann ergänzte: *„Wir haben eine übergreifende Mission an die alle, die bei SpaceX arbeiten, glauben. Wir führen viele praktische Tests durch und finden Wege, Dinge zu entwickeln, die andere als unmöglich oder ‚zu schwierig‘ darstellen.“*

Neben der Wiederverwendbarkeit der Raketen ist ein weiterer Erfolgsfaktor von SpaceX die Massenproduktion. Aufgrund des Skaleneffektes ist es günstiger, mehrere kleine Triebwerke zu bauen als ein großes, und SpaceX hat in seiner jungen Geschichte schon mehr als 100 Merlin-1D-Triebwerke produziert. Zudem fertigt SpaceX erstaunlich viele Komponenten selbst und verlässt sich weniger auf externe Zulieferer. Dies garantiert, dass Änderungen schnell implementiert werden können. Außerdem versucht man so viele Teile wie nur möglich wiederzuverwenden und aktuell wird daran gearbeitet, die Nutzlastverkleidung (engl. Fairing) wiederzuverwenden, indem diese von einem Schiff aufgefangen wird.

Gwynne Shotwell, die langjährige Präsidentin und COO von SpaceX, sagte 2018 auf einer TED-Konferenz in Vancouver, dass zu den Erfolgsgeheimnissen von SpaceX gehört, dass die dortigen Ingenieure größere Freiräume haben und beim Raketendesign keine Altlasten mitschleppen müssen und

---

[2]https://ntrs.nasa.gov/archive/nasa/casi.ntrs.nasa.gov/20170008895.pdf (02.09.2018).

physikgetrieben auch innovative Dinge machen können. Des Weiteren trägt ein jeder Mitarbeiter dort Verantwortung, und über das Betriebsklima bei SpaceX ist bekannt, dass man Probleme genau analysiert und dass man aus Fehlern lernt.[3] Allerdings gibt es immer wieder Presseberichte – meist in Bezug auf die Firma Tesla –, dass das Arbeiten unter dem charismatischen Visionär Elon Musk nicht immer einfach ist.[4,5] Zudem ist die Arbeits- und Stundenbelastung hoch, allerdings werden die langen Tage dort durch gemeinsames Spielen von Computerspielen wie *Quake* aufgelockert.

Ferner ist es für amerikanische Raumfahrtfirmen nicht einfach, Menschen ohne amerikanische Staatsbürgerschaft einzustellen, da die International Traffic in Arms Regulations (ITAR) den Zugang beschränken.[6]

Aber anders als Alain Charmeau, Chef der Ariane Group, in europäischen Medien vermutete, liegt der Erfolg nicht an einer Wettbewerbsverzerrung durch Dumpingpreise und verdeckte Subventionen begründet, da kommerzielle amerikanische Anbieter die gleichen Preise zahlen wie europäische Kunden.[7,8]

Ein weiterer Vorteil ist die Unabhängigkeit von der Politik, denn sowohl in den USA als auch in Europa wurden schon kuriose politische Entscheidungen in Sachen Raumfahrt getroffen und vielversprechende Projekte begraben oder nach einigen Jahren die Budgets drastisch beschnitten. SpaceX ist hier unabhängig und kann seine eigenen Ziele verfolgen. Man stellt sich ferner großen Herausforderungen. So will das Unternehmen beim Projekt *Starlink* bis 2025 fast 12.000 neue, kostengünstige und dennoch leistungsstarke Satelliten in den Orbit befördern und ein weltumspannendes Internet-Satellitennetz aufbauen. Hierfür befinden sich derzeit die beiden Testsatelliten MicroSat-2a und 2b in einer Umlaufbahn, welche ein Volumen von $1{,}1 \times 0{,}7 \times 0{,}7$ m haben und 400 kg wiegen.

Falcon 9

Die Falcon-9-Trägerrakete (Abb. 4.2) ist die erste Rakete der Geschichte, die größtenteils wiederverwendbar ist, und dank dieser Rakete ist die Gründung

---

[3]https://www.businessinsider.de/spacex-president-ted-2018-4?r=US&IR=T (26.07.2018).

[4]http://www.spiegel.de/wirtschaft/unternehmen/tesla-elon-musk-und-seine-eskapaden-machen-immer-wieder-schwierigkeiten-a-1218812.html (26.07.2018).

[5]https://www.businessinsider.de/tesla-employees-describe-intense-conditions-life-under-elon-musk-2018-8?r=US&IR=T (06.09.2018).

[6]https://www.popularmechanics.com/space/rockets/a23080/spacex-elon-musk-itar/ (26.07.2018).

[7]http://www.spiegel.de/wissenschaft/technik/alain-charmeau-die-amerikaner-wollen-europa-aus-dem-weltraum-kicken-a-1207322.html (24.05.2018).

[8]http://www.spiegel.de/wissenschaft/weltall/spacex-deutscher-chefingenieur-hans-koenigsmann-spricht-ueber-den-mars-a-1230527.html (01.10.2018).

Abb. 4.2   Start einer Falcon-9-Rakete von SpaceX

von SpaceX heute eine Erfolgsstory. Die Bezeichnung Falcon soll dabei vom *Millennium Falcon* aus Star Wars stammen. Mit Kosten von 50–62 Mio. $ ist diese Rakete zudem vergleichsweise günstig, und die Entwicklungskosten der Rakete beliefen sich nach Aussage von Elon Musk nur auf 300 Mio. $.[9]

Ein großer Unterschied zu herkömmlichen Raketenherstellern ist dabei der kontinuierliche Verbesserungsprozess bei SpaceX. Denn lange Zeit war kein Raketenstart gleich, und man schreckte auch nicht vor größeren Veränderungen zurück. Unter anderem wurde die Anordnung der Triebwerke geändert und von normalem Raketentreibstoff wechselte man auf kryogenen Treibstoff. So konnten innerhalb weniger Jahre der Schub und damit auch die Nutzlast erheblich gesteigert werden. Die aktuellste Version, Block 5 genannt, wurde im Mai 2018 eingeführt. Sie kann 22,8 t in einen Low Earth Orbit (LEO) bringen. Allerdings ist bei dieser Maximalnutzlast die Rakete nicht mehr wiederverwendbar. Denn wiederverwendbare Raketen haben den Nachteil, dass sie bei gleicher Konfiguration weniger Nutzlast ins All befördern können, da ein Teil des Treibstoffs für den Rückflug benötigt wird.

Die neun Merlin-1D-Triebwerke der ersten Stufe liefern einen Schub von 7600 kN. Sie bringen die 550 t schwere Rakete auf eine Höhe von ungefähr 75 km, bevor sich die erste Stufe abtrennt und das wiederzündbare *Merlin-1D-Vacuum*-Triebwerk der zweiten Stufe zum Einsatz kommt, welches für das Weltall optimiert ist. Kaltgas-Schubdüsen sorgen unterdessen dafür, dass die erste Stufe sich dreht, die Titan-Gitterfinnen ausgeklappt und die Triebwerke der ersten Stufe kurz wieder gezündet werden *(Boostpack Burn)*, um die erste Stufe in Richtung Landeplatz auf ein autonomes Drohnenschiff zu steuern. Während des Wiedereintritts werden die Triebwerke noch einmal kurz gezündet *(Entry Burn)*, um die erste Stufe abzubremsen. Kurz vor dem Aufsetzen beginnt der *Landing Burn*, die vier Landebeine an der Unterseite der Rakete klappen nach unten, und die Triebwerke gehen in den *Suicide-Burn*-Modus, d. h. die Triebwerke geben noch einmal ordentlich Schub, um die erste Stufe kurz vor dem Aufsetzen massiv abzubremsen. Dies ist wesentlich treibstoffeffizienter als ein kontinuierliches Abbremsen. Eine Rückkehr zum Startplatz wäre möglich, allerdings würde dieses Manöver zu viel Treibstoff kosten.

---

[9]http://www.spaceref.com/news/viewpr.html?pid=33457 (05.08.2018).

Falcon Heavy

Die Falcon Heavy war ursprünglich für das Jahr 2013 geplant, startete aber zum ersten Mal im Februar 2018 vom geschichtsträchtigen Launch Complex 39 (LC-39) des Kennedy Space Center. Sie besteht aus drei miteinander verbundenen Primärstufen der Falcon 9 sowie einer zweiten Stufe. Bei ihrem Jungfernstart wurde Elon Musks Tesla Roadster ins All befördert und zwei der drei ersten Raketenstufen landeten wieder. Lediglich der mittlere Teil verfehlte die Landeplattform im Ozean und stürzte mit über 320 km/h in den Atlantik.

Wie bei SpaceX üblich, verzichtet man auf Sprengladungen zum Trennen der Stufen und Booster und setzt stattdessen eine pneumatische Vorrichtung ein.

Die 27 Merlin-1D-Triebwerke liefern 22.800 kN an Schub und können 63,8 t in einen LEO, 26,7 t in einen Geotransferorbit (GTO) und selbst noch 16,8 t zum Mars befördern. Damit ist diese Rakete so leistungsstark, dass mit ihr nur ein Bruchteil der Space-Shuttle-Flüge – und damit auch nur ein Bruchteil der Kosten – notwendig wären, um eine Weltraumstation wie die ISS aufzubauen.

Diese Rakete kostet 90 Mio. $. Die Entwicklungskosten schätzt Elon Musk auf über 500 Mio. $ und das Projekt stand intern bei SpaceX mehrfach vor dem Aus, da man den Aufwand unterschätzt hatte. Steuergelder sollen bei der Entwicklung nicht zum Einsatz gekommen sein.[10]

BFR (Starship – Super Heavy)

Die BFR, was für *Big Falcon Rocket* steht, wird nach Fertigstellung die leistungsstärkste Rakete aller Zeiten sein. Diese zweistufige Rakete wird, nach aktuellen Informationen, 118 m hoch und 9 m breit sein. Sie wird an die ISS andocken können, könnte aber auch als „Punkt zu Punkt"-Transportsystem auf der Erde eingesetzt werden und innerhalb einer Stunde nahezu jeden Ort erreichen. Zudem ist es wahrscheinlich, dass sie alle anderen Raketen von SpaceX ablösen wird und bei der Kolonisierung des Mars zum Einsatz kommt. Und dabei handelt es sich bei der BFR um eine kleinere Version des eigentlich von SpaceX geplanten Interplanetary Transport

---

[10]https://www.cnbc.com/2018/02/06/after-falcon-heavy-success-elon-musk-wants-a-new-space-race.html (13.08.2018).

Ship (ITS) Launch Vehicle. Der Jungfernstart der Rakete ist für 2020 vorgesehen.

Die 31 Raptor-Triebwerke der ersten Stufe, welche den Spitznamen *Super Heavy* trägt, liefern einen Schub von 62.000 kN[11] und können zwischen 100 und 150 t Nutzlast in einen LEO bringen. Beim Raptor-Triebwerk handelt es sich um ein kryogenisches Raketentriebwerk, bei dem flüssiges Methan und flüssiger Sauerstoff zum Einsatz kommen. Methan wurde deshalb ausgewählt, da dieses Gas auf dem Mars mittels eines Sabatier-Prozesses gewonnen werden kann. Teile des Raptor-Triebwerkes werden mittels 3D-Druckverfahren hergestellt. Dieses Triebwerk liefert mehr als doppelt so viel Schub wie das Merlin-Triebwerk der Falcon 9. Ferner wird diese Rakete einen Tank aus kohlefaserverstärktem Kunststoff haben, und darüber hinaus könnte die äußere Struktur der Rakete ebenfalls aus Kohlefasern bestehen.

Beide Stufen der Raketen werden voll wiederverwendbar sein, was erheblich die Startkosten senken würde. Das Design des Starships – dem Raumfahrzeug der oberen Stufe, welches zuvor als BFS bekannt war – wurde ebenfalls schon mehrfach modifiziert, und es soll wahrscheinlich 55 m hoch und ebenfalls 9 m breit sein. Es waren einmal vier vakuumoptimierte Raptor-Triebwerke und zwei auf Meereshöhe optimierte Triebwerke geplant, doch wurde zuletzt über eine gänzlich andere Triebwerkskonfiguration spekuliert und auf einer Pressekonferenz am 17. September 2018 wurde eine Version mit sieben Raptor-Triebwerken vorgestellt. Zudem wird es Deltaflügel besitzen, die beim Wiedereintritt hilfreich sind, indem sie das Raumfahrzeug abbremsen. Allerdings wurde aufgrund eines Tweets von Elon Musk im September 2018 mit einem animierten Bild des Starships auch über eine klappbare Flügelkonstruktion diskutiert. Diese hätte den Vorteil, dass sie während der feurigen Wiedereintrittsphase eingeklappt und erst danach – in dichteren Luftschichten – ausgeklappt werden könnte.[12]

Mit einem unter Druck stehenden Raum von rund 1000 m^3 bietet diese genug Platz für eine Reise zum Mars mit 40 Kabinen, in denen bis zu 100 Menschen Platz finden würden.[13]

Gebaut werden soll die Rakete im Hafen von Los Angeles, und gestartet werden soll sie von Cape Canaveral in Florida. Aufgrund der gigantischen

---

[11]https://www.teslarati.com/spacex-ceo-elon-musk-official-photos-starship-completed-starship-raptor-engine/ (13.02.2019).

[12]https://www.youtube.com/watch?v=zu7WJD8vpAQ (02.04.2019).

[13]https://www.spacex.com/mars (07.08.2018).

Ausmaße kann diese Rakete nur per Schiff durch den Panamakanal von der US-West- an die Ostküste transportiert werden. Dies wurde in der Vergangenheit auch schon bei der zweiten Stufe der Saturn-V-Rakete so gehandhabt, die damals von North American Aviation hergestellt wurde.

Blue Origin

Jeff Bezos, von dem das Zitat „*Work hard, have fun, make history*" stammt, hat ebenfalls sehr ambitionierte Ziele und investiert aktuell jedes Jahr 1 Mrd. $ in sein Raumfahrtunternehmen Blue Origin. Seine High-School-Liebe wird sogar mit den Worten zitiert, dass sie glaubt, er habe Amazon nur gegründet, um genügend Geld für seine eigene Raumstation zu haben. Aber auch Jeff Bezos selbst sagt, dass es für ihn bei der im Jahr 2000 gegründeten Firma um seine Leidenschaft geht, noch vor seinem Engagement bei Amazon oder der von ihm gekauften Zeitung *Washington Post*.[14,15]

Die ersten drei Jahre nach der Gründung der Firma sondierte man den Markt und schaute sich alle unkonventionellen Startsysteme an, um irgendetwas zu finden, das chemischen Raketen überlegen ist. Nach dieser Zeit erkannte man allerdings, dass nicht die chemischen Raketen das Problem sind, sondern die fehlende Wiederverwertbarkeit, wie Jeff Bezos in einem Interview im März 2018 sagte, und man sich deswegen auf deren Entwicklung fokussierte, um die Kosten für den Zugang zum All drastisch zu senken.[16]

Auch bei Blue Origin vermeidet man Bürokratie und nutzt lieber einen kontinuierlichen Verbesserungsprozess, was sich nicht nur im lateinischen Firmenmotto *Gradatim Ferociter* (Schritt für Schritt wilder) widerspiegelt. Insbesondere die Fortschritte in der Triebwerkstechnik sind beeindruckend. Innerhalb weniger Jahre erreichte man, vom BE-1- bis zum BE-4-Triebwerk, die 250-fache Schubkraft bei den Flüssigraketentriebwerken. Dieses BE-4-Triebwerk soll auch bei der Vulcan-Rakete von United Launch Alliance (ULA) zum Einsatz kommen, welche in einer

---

[14]https://www.businessinsider.de/amazon-ceo-jeff-bezos-liquidates-billions-to-fund-blue-origin-2018-4?r=US&IR=T (02.05.2018).

[15]http://interactive.satellitetoday.com/via/june-2018/jeff-bezos-day-one-in-the-space-industry/ (07.08.2018).

[16]Ebd.

öffentlich-privaten Partnerschaft mit der US-Regierung entwickelt wird. Obwohl die Entwicklung des BE-4-Triebwerks erst 2011 anfing, wurde es bereits im März 2017 zum ersten Mal zusammengebaut, bevor im Oktober 2017 der erste Brenntest bei 50 % Schub für 3 s stattfand. Es liefert 2400 kN Schub und soll bis zu 100-mal wiederverwendbar sein.

Jeff Bezos ist ein großer Star-Trek-Fan und spielte sogar im Film *Star Trek Beyond* eine kleine Statistenrolle. Aber er ist kein Freund einer ausgeglichenen Work-Life-Balance und hat an seine Mitarbeiter große Erwartungen. Zudem hat er zwar ein offenes Ohr für Vorschläge seiner Mitarbeiter, aber man sollte ihm nicht vorschlagen, dass irgendjemand zu beruflichen Zwecken Business Class fliegen sollte. Ferner sagt man, dass man nicht mit Jeff Bezos an den gemeinsamen Zielen arbeitet, sondern für Jeff Bezos an der Erreichung seiner Ziele.

Anders als bei SpaceX, wo der Mars erklärtes Ziel ist, konzentriert man sich bei Blue Origin auf den Mond. So bekam die Firma im Jahr 2018 insgesamt 13 Mio. $ für ihr „Luna Lander Programm" von der NASA.[17]

Zudem wird an einem Projekt mit der Bezeichnung „New Armstrong" gearbeitet, über das bisher aber keine weiteren Informationen bekannt sind worüber aber in der Presse spekuliert wird, dass es sich um eine Konkurrenz zur BFR von SpaceX handelt.[18]

Die in Entwicklung befindliche Rakete von Blue Origin trägt den Namen New Glenn, nach dem amerikanischen Astronauten John Glenn, dem ersten US-amerikanischen Astronauten in einer Erdumlaufbahn, von ihr soll es eine zwei- und dreistufige Variante geben, wobei die Höhe zwischen 86 und 99 m variiert, bei einer Breite von 7 m. Schon die kleinere der beiden Versionen soll 45 t in einen LEO und immer noch 13 t in einen GTO befördern können. Sieben BE-4-Triebwerke sollen bei der wiederverwendbaren ersten Stufe zum Einsatz kommen, welche von flüssigem Sauerstoff und Methan angetrieben werden und 17.100 kN Schub erzeugen. Die erste Stufe soll auf einem Schiff auf dem Meer landen und 25-mal wiederverwendbar sein. Die zweite Stufe wird ein wiederzündbares BE-4U-Triebwerk haben, das für den Einsatz im Vakuum optimiert ist. In der dritten Stufe soll ein BE-3U-Triebwerk zum Einsatz kommen, das mit flüssigem Wasserstoff und Sauerstoff betrieben wird. Zur Steuerung haben beide Versionen

---

[17]https://www.nasa.gov/press-release/nasa-announces-new-partnerships-to-develop-space-exploration-technologies (09.08.2018).

[18]https://www.businessinsider.de/jeff-bezos-blue-origin-rocket-company-most-important-2018-4?r=US&IR=T (17.09.2018).

jeweils vier Finnen am unteren Teil der Rakete sowie am oberen Ende der ersten Stufe. Gestartet werden soll die New Glenn von Cape Canaveral aus. Die Entwicklungskosten belaufen sich nach Aussage von Jeff Bezos auf 2,5 Mrd. $.[19]

Stratolaunch Systems

Das amerikanische Unternehmen Stratolaunch Systems, welches 2011 von Microsoft-Mitbegründer Paul Allen und dem Entwickler des SpaceShipOne Burt Rutan gegründet wurde, hatte das Potenzial mit einem der größten Flugzeuge aller Zeiten als Startplattform mitzumischen. Doch nach dem Tod des Hauptgeldgebers Paul Allen im Oktober 2018 war die Zukunft der Firma zunächst offen und wurde in den folgenden Monaten immer düsterer. Es hätte eine Trägerrakete auf ungefähr 9 km Höhe befördern und dort ausklinken sollen. Das Trägerflugzeug in Doppelrumpfkonfiguration hat die Rekordspannweite von 117 m, ist 65,5 m lang und wiegt 540 t. Es kann in seiner Mitte eine Trägerrakete von 230 t transportieren, welche wiederum mehrere Tonnen Nutzlast in einen Erdorbit hätte befördern können. Damit die Rakete beim Start nicht über den Boden schleift, sind die Flügel als Hockdecker ausgeführt. Stationiert ist es am Mojave Spaceport in Kalifornien. Angetrieben wird das Trägerflugzeug von 6 Pratt & Whitney-PW4000 Triebwerken, die von zwei aufgekauften Boeing 747-400 stammen, und es benötigt mindestens eine Startbahnlänge von 3600 m. Der Rollout fand am 31. Mai 2017 statt. Der Erstflug erfolgte am 13. April 2019, doch ob jemals kommerzielle Satelliten von dieser Plattform aus gestartet werden ist gegenwärtig mehr als fraglich.

Der Lieferant für die Trägerrakete hatte im Laufe der Jahre gewechselt. Zunächst war geplant, dass diese von SpaceX kommt, doch verabschiedete sich SpaceX aus diesem Projekt, um sich auf seine anderen Projekte zu konzentrieren. Deshalb sollte diese von Orbital ATK geliefert werden. Allerdings erwies sich eine geplante Neuentwicklung als zu kostspielig, und deswegen war zunächst geplant die vorhandene Rakete Pegasus XL zu verwenden. Diese hätte 370 kg Nutzlast transportieren können, und es hätten bis zu drei Raketen auf einmal gestartet werden können. Später war geplant auf diese Weise den Dream Chaser zu starten.[20]

---

[19]https://www.blueorigin.com/new-glenn (07.08.2018).
[20]https://www.stratolaunch.com/how-we-launch/ (25.08.2018).

Ariane 6

Der Name Ariane entstammt der griechischen Mythologie und ist die französische Bezeichnung der kretischen Fruchtbarkeitsgöttin Ariadne. Im Dezember 2014 beschlossen die ESA Mitgliedsstaaten die Entwicklung der Ariane-6-Rakete (Abb. 4.3). Diese soll die sehr erfolgreiche und zuverlässige Ariane-5-Rakete ablösen, wird aber anders als die Raketen von SpaceX und Blue Origin nicht teilweise wiederverwendbar sein und wirkt damit wie aus der Zeit gefallen. Dennoch sollen die Startkosten gegenüber der Ariane 5 halbiert werden. Deswegen wird von der Ariane Group, einem Gemeinschaftsunternehmen von Airbus und Safran, auf viele Bauteile und Technologien des Vorgängers zurückgegriffen, so basiert die Oberstufe auf Entwicklungen des Ariane-5ME-Programms. Allerdings soll ein verbessertes Haupttriebwerk zum Einsatz kommen. Der Erststart ist für das Jahr 2020 vorgesehen.[21]

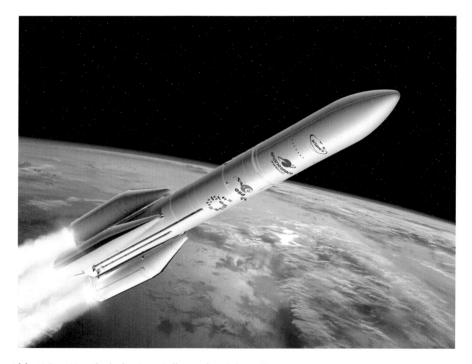

Abb. 4.3 Künstlerische Darstellung der Ariane 6

[21]https://www.dlr.de/rd/desktopdefault.aspx/tabid-2279/3410_read-47667/ (09.08.2018).

Ferner wird seit dem Jahr 2010 am ADELINE (Advanced Expendable Launcher with Innovative engine Economy) Projekt gearbeitet, um wenigstens das Haupttriebwerk zu retten und wiederzuverwenden, da dieses Bauteil das Teuerste an einer Rakete ist. Bei ADELINE handelt es sich um eine spezielle Flügelkonstruktion mit ausklappbaren Propellern. Dieses ist an der Unterseite der Rakete befestigt und soll sich samt Haupttriebwerk im All von der Rakete abtrennen und nach dem Wiedereintritt wie ein autonomes Flugzeug landen.[22]

Die zweistufige Ariane 6 soll in zwei Konfigurationen verfügbar sein. Einmal mit zwei seitlichen Boostern (Version A62) des Typs P120 und einem Schub von 7000 kN und außerdem mit vier Boostern (Version A64) und 14.000 kN Schub.[23] Daneben kommen diese Booster, welche aus leichtgewichtigen Kohlefaserverbundstoffen bestehen, auch bei der europäischen Vega-C-Rakete zum Einsatz.

In der Hauptstufe soll das kryogene Vulcain-2.1-Triebwerk zum Einsatz kommen, welches 1350 kN Schub liefert und für 460 s in Betrieb ist. Das wiederzündbare Vinci-Triebwerk der zweiten Stufe liefert 180 kN Schub und ist 900 s aktiv. Sowohl die erste als auch die zweite Stufe werden von flüssigem Wasserstoff (LH_2) und Sauerstoff (LO_X) angetrieben. Die Ariane 6 soll 5 t bzw. 11 t Nutzlast in einen GTO befördern.

Die Rakete ist 70 m hoch und 5,4 m breit, und die Startkosten liegen je nach Version zwischen 70 und 115 Mio. €. Die Entwicklungskosten der Ariane 6 sind mittlerweile auf mehr als 3,2 Mrd. € angestiegen. Der Löwenanteil stammt aus europäischen Steuergeldern und nur 400 Mio. € werden von der Industrie selbst beigesteuert. Die Ariane 6 ist in Europa politisch gewollt, doch ob diese Rakete auf einem globalisierten Markt eine Zukunft hat, wird sich zeigen.

Space Launch System (SLS)

Das Space Launch System (SLS) (Abb. 4.4) ist der aktuell in Entwicklung befindliche Schwerlastträger der NASA und kam nach der Einstellung des Constellation-Programms auf. Mit dieser Rakete soll die NASA weiter ins All vorstoßen als jemals zuvor, so könnte sie u. a. bei bemannten Marsmissionen zum Einsatz kommen.

---

[22]https://airbusdefenceandspace.com/reuse-launchers/ (14.02.2018).
[23]https://www.ariane.group/de/weltraumstartdienste/ariane-6/ (09.08.2018).

Abb. 4.4   Künstlerische Darstellung der SLS

Allerdings sind die Entwicklungskosten dieses Programms astronomisch und die Startkosten bisher ein gut gehütetes Geheimnis, weshalb es große Kritik an diesem Projekt gibt. Doch da mehrere Schwergewichte der amerikanischen Luft- und Raumfahrtindustrie an dem Projekt beteiligt sind, erfährt es große politische Unterstützung.

Der Hauptauftragnehmer ist Boeing, der zudem die Verantwortung für das Kernstück (Core Stage) und die obere Stufe innehat, während die Orion-Kapsel (Abb. 4.5) an der Spitze der Rakete von Lockheed Martin, die 5-teiligen Feststoffbooster von Orbital ATK und die vier Triebwerke von Aerojet Rocketdyne gefertigt werden und wie viele andere Teile der Rakete auf Technologien des Space-Shuttle-Systems basieren.

Die Orion-Kapsel hat 30 % mehr bewohnbaren Raum, als dies noch beim Apollo-Programm der Fall war, und kann vier Astronauten transportieren. Die Kapsel ist so ausgelegt, dass sie Mikrometeoriteneinschlägen trotzen kann und die Computer auch bei erhöhter Strahlenbelastung funktionieren. Besonders erwähnenswert ist zudem der europäische Beitrag, denn das Servicemodul der Orion-Kapsel wird bei Airbus Defense and Space

Abb. 4.5   Künstlerische Darstellung der Orion-Kapsel im Erdorbit

in Bremen gefertigt und dass ein kritisches Bauteil eines amerikanischen Raumschiffs außerhalb der USA gefertigt wird, wäre vor einigen Jahren noch undenkbar gewesen.

Die erste Version der Rakete soll 98 m hoch werden, 39.400 kN Schub erzeugen und 70 t transportieren können. Eine spätere Version, SLS Block 2 genannt, soll gar 111 m hoch sein und 130 t in einen Orbit bringen können.

Der unbemannte Jungfernflug ist für Dezember 2019 geplant, und da Präsident Trump sich einen bemannten Starttermin während seiner Amtszeit wünscht, wurde der ursprüngliche Zeitplan der NASA erheblich gestrafft, ob dieser allerdings eingehalten werden kann, ist fraglich.

Spätere Starts sollen beim Aufbau des Lunar Orbital Platform-Gateway (LOP-G) helfen, außerdem könnten mit der SLS größere und schwere Forschungssonden als jemals zuvor ins äußere Sonnensystem transportiert werden.

Einstufenkonzepte (SSTO)

Es gab schon mehrere Konzepte für Einstufenraketen und Raumschiffe, doch auch wenn es schon den einen oder anderen Prototypen gab, erreichte keines dieser Konzepte die Serienreife. Im Englischen werden diese als Single-Staged-To-Orbit (SSTO)-Vehikel bezeichnet.

Die X-33 von Lockheed Martin Skunk Works war das ambitionierteste Projekt und sollte als verkleinerter Technologiedemonstrator für den Nachfolger des Space Shuttles, der *Venture Star,* dienen. Dieser Gleiter sollte vertikal starten und horizontal landen, aber anders als das Space Shuttle ohne seitliche Booster auskommen. Jedoch wurde dieses Projekt im März 2001 aufgrund von Kostenüberschreitungen eingestellt, da es insbesondere mit dem Treibstofftank für den flüssigen Wasserstoff (LH_2), welcher aus Verbundwerkstoffen bestand, zu Problemen kam. Obwohl die Ingenieure zur Lösung dieses Problems auch einen konventionellen Aluminiumtank entwickelten, bestand die NASA, vertreten durch Ivan Bekey, zum Erstaunen von Lockheed Martin in einer Anhörung des U.S. House of Representatives am 11. April 2001 auf den innovativen Verbundtank. Zu diesem Zeitpunkt waren bereits 85 % des Prototyps zusammengebaut und über 95 % der Einzelteile hergestellt. Diese Raumfähre wäre zudem mit XRS-2200-Linear-Aerospike-Triebwerken von Rocketdyne ausgestattet gewesen, die einen höheren Wirkungsgrad als konventionelle, glockenförmige Raketendüsen haben, da sie nicht nur in einer bestimmten Höhe, sondern auf unterschiedlichen Höhen maximalen Schub geben können. Möglich wird dies durch eine Anpassung an den atmosphärischen Luftdruck. Zudem ist ein solches Triebwerk leichter und benötigt weniger Treibstoff. Dies würde vor allem eine weitere Gewichtsersparnis bringen, die Auswirkungen auf die Treibstoffkosten einer Rakete sind im Vergleich zu den anderen Kosten vernachlässigbar gering.

Interessant zu erwähnen ist noch, dass es 2004 den Konkurrenten von Northrop Grumman gelang, mit einem neuen Fertigungsverfahren einen funktionierenden Wasserstofftank aus Verbundwerkstoffen herzustellen. Deswegen war die US Air Force bereit, die Arbeiten am X-33-Projekt wiederaufzunehmen, doch dies wurde von der US-Regierung unterbunden.

Aktuell gibt es das britische Projekt Skylon der Firma Reaction Engines, welches von der britischen Regierung, der ESA und seit 2017 zudem von der DARPA unterstützt wird. Diese unbemannte Raumfähre könnte den Preis pro Kilogramm für den Transport in den Orbit auf unter 1000 € senken. Besonders an diesem Projekt ist die Synergistic Air-Breathing Rocket

Engine (SABRE), bei der es sich um ein luftatmendes Raketentriebwerk handelt. Zunächst würde das Triebwerk die Luft aus der Atmosphäre einsaugen und von flüssigem Wasserstoff angetrieben, und erst in 26 km Höhe bei einer Geschwindigkeit von Mach 5,5 würde zudem flüssiger Sauerstoff in das Triebwerk eingespritzt werden und das Vehikel auf Mach 25 beschleunigen. Skylon würde somit wie ein Flugzeug starten und ohne weitere Hilfsmittel in eine Umlaufbahn um die Erde einschwenken können und anschließend, nach dem Wiedereintritt, geschützt durch keramische Verbundstoffe, konventionell landen. Allerdings geht man aktuell davon aus, dass ein solches Triebwerk nicht vor dem Jahr 2025 einsatzbereit ist.

Des Weiteren gab es vor Kurzem einen technologischen Durchbruch, der die Realisierbarkeit von Einstufenkonzepten erhöht. Wissenschaftler der Harvard University ist es 2017 erstmalig gelungen, metallischen Wasserstoff auf der Erde herzustellen, wenn auch unter großem Energieeinsatz. Bis dato gab es diesen nur in den unteren Schichten des Jupiters, wo gigantische Drücke herrschen. Metallischer Wasserstoff könnte aufgrund der hohen gespeicherten Energiemenge in Zukunft als Raketentreibstoff zum Einsatz kommen und somit die Raumfahrt revolutionieren.[24] Denkbar wäre zudem, dass Neil W. Ashcroft von der Cornell-Universität mit seiner bereits in den 1960er-Jahren aufgestellten Hypothese Recht hat und metallischer Wasserstoff als Supraleiter bei Raumtemperatur funktioniert und somit eine aufwendige Kühlung überflüssig wäre.[25]

Magnetisches Katapult

Damit die Nachteile für Einstufensysteme, die aus der Raketengleichung folgen, abgemildert werden, könnte man einen Magnetschwebeschlitten als Starthilfe verwenden, um die Anfangsgeschwindigkeit eines darauf befestigten Gleiters drastisch zu erhöhen, bevor dieser seine eigenen Triebwerke zündet und ein- oder zweistufig in eine Umlaufbahn abhebt. Lapidar gesagt könnte man also die Transrapid-Magnetschwebetechnologie mit dem Sänger-Raumgleiter kreuzen.

---

[24]https://news.harvard.edu/gazette/story/2017/01/a-breakthrough-in-high-pressure-physics/ (11.08.2018).
[25]https://www.spektrum.de/magazin/metallischer-wasserstoff/826597 (24.09.2018).

Da dieses Konzept einen besonderen Reiz hat, arbeitete die NASA am Marshal Spaceflight Center in den 1990er-Jahren am *StarTram,* und es wurden mehrere Tests eines solchen Systems durchgeführt. Allerdings wurde diese Idee aus Kostengründen bisher nicht umgesetzt.[26]

Ein solches elektromagnetisches Katapult eröffnet aber noch eine andere Möglichkeit, und zwar auf dem Mond. Mittels magnetischer Spulen könnte man damit Rohmaterialien von Mond aus kostengünstig starten, da dort eine geringere Fluchtgeschwindigkeit notwendig ist.

Die Idee ist nicht neu, und schon der Science-Fiction-Autor Robert A. Heinlein schrieb 1966 in seinem Werk „The Moon Is a Harsh Mistress" (Revolte auf Luna) über ein Induktionskatapult. Später waren es Gerard K. O'Neill von der Princeton University und Henry Kolm vom MIT, welche die Idee eines Mass Drivers 1977 auf der Space Manufacturing Facilities Conference publik machten und zudem einen Technologiedemonstrator mit der Bezeichnung „Mass Driver 1" von Studenten bauen ließen. Dabei wurden die Spulen mit flüssigem Stickstoff gekühlt, um den elektrischen Widerstand zu senken, und es wurde eine Beschleunigung von 33 g erreicht. Dies würde bedeuten, dass man auf dem Mond eine Beschleunigungsstrecke von 8905 m brauchen würde um erfolgreich abzuheben. Später wurden noch ein Mass Driver II und III gebaut, und durch verschiedene Optimierungen konnte die Beschleunigung auf 500 g (Mass Driver II) bzw. 1800 g (Mass Driver III) erhöht werden, sodass am Ende nur eine Beschleunigungsstrecke von 160 m notwendig wäre, um von der Mondoberfläche zu starten. Einmal im Mondorbit angekommen, könnten diese Rohstoffe leicht aufgegriffen und weiter transportiert werden.[27]

Weltraumlift

Im Jahr 1960 publizierte der Ingenieur Juri N. Artsutanow in der Zeitung *Prawda* die Idee eines Seils, das an einem Satelliten befestigt ist. Doch diese Publikation fand ebenso wenig Aufmerksamkeit wie die 1966 veröffentlichten ähnlichen Gedanken des Ozeanografen John Isaacs in *Science.* Erst die technischen Ausführungen von Jerome Pearson vom Air Force Research Laboratory in *Acta Astronautica* fanden 1975 etwas öffentliche

---

[26]https://www.nasa.gov/topics/technology/features/horizontallaunch.html (03.12.2017).
[27]https://www.youtube.com/watch?v=yPslNd-LzqU (20.08.2018).

Resonanz. Dabei träumte schon Konstantin Ziolkowski, welcher vom Eiffel-
turm inspiriert wurde, von einem Turm in den Weltraum (Marsiske 2005,
S. 78).[28]

Erst als der berühmte Science-Fiction-Autor Arthur C. Clarke diese Idee
in seinem Roman „The Fountains of Paradise" (Fahrstuhl zu den Sternen)
im Jahr 1979 aufgriff, wurde dieses Konzept einem größeren Publikum
bekannt.

Ein Weltraumfahrstuhl scheiterte bisher daran, dass aufgrund der auftretenden Spannungen herkömmliche Materialien wie Stahl zu schwach
wären, doch neue, vielversprechende Materialien werden gerade erforscht,
und deshalb könnte er doch mithilfe der Nanotechnologie in nicht allzu ferner Zukunft Realität werden.

Ein wissenschaftlicher Durchbruch war dabei die Entdeckung der
Kohlenstoff-Nanoröhrchen im Jahr 1991 durch den japanischen Physiker
Sumio Iijima. Leider wurden bislang noch keine Kohlenstoffnanoröhrchen
hergestellt, welche länger als 1 m sind, und man ist noch weit davon ent-
fernt, ein mehrere Tausend Kilometer langes Seil herzustellen (Kaku 2011,
S. 279–281).

Damit das Seil stets gespannt ist, müssten sich die Gravitations- und
Fliehkräfte aufheben und das Ende des Seils müsste an einem Satelliten auf
einem geostationären Orbit befestigt werden, welcher mind. 36.000 km
von der Erdoberfläche entfernt ist. Ferner gibt es Pläne, das Seil mind.
100.000 km lang zu bauen, um das notwendige Gegengewicht zu reduzie-
ren. Hinzu kommt, dass es am sichersten wäre, wenn das Seil auf der Erde
auf einer schwimmenden Plattform auf dem Ozean in der Nähe des Äquators befestigt werden würde, einfach aus dem Grund, um mobil zu sein und
die Möglichkeit zu haben, schlechtem Wetter oder Weltraumschrott auszu-
weichen. Interessant zu wissen ist vielleicht noch, dass Hurrikane, Torna-
dos und Zyklone am Äquator nicht möglich sind, da die Erdrotation dafür
sorgt, dass sich diese Winde in der nördlichen Hemisphäre gegen den Uhrzeigersinn und in der südlichen Hemisphäre im Uhrzeigersinn drehen.

Ein großes Problem wäre im erdnahen Weltall die Strahlung des *Van
Allen*-Gürtels. Für die Apollo-Astronauten hingegen bestand keine Gefahr,
da diese mit 42.000 km/h durch diesen hindurchgerast sind und deshalb
einer erhöhten Strahlungsdosis nur für kurze Zeit ausgesetzt waren. Für
einen langsam fahrenden Weltraumfahrstuhl wäre das Risiko aber besonders

---

[28]https://science.nasa.gov/science-news/science-at-nasa/2000/ast07sep_1 (06.08.2018).

hoch. Denn der aktuell schnellste Fahrstuhl bringt es gerade einmal auf 20,5 m/s (73,8 km/h) und demnach würde der Aufstieg Wochen dauern. Allerdings ist dies nur ein Problem, wenn Menschen an Bord sind. Wenn nur Fracht transportiert werden würde, könnte die Geschwindigkeit deutlich größer als 200 km/h sein. Somit würde die Reise nur noch mehrere Tage dauern. Allerdings könnte diese Geschwindigkeit nicht beliebig hoch sein, da es sonst insbesondere beim Wiedereintritt in die Erdatmosphäre zu Problemen kommen würde.[29]

Eine weitere Herausforderung stellt die Energieversorgung dar. Denn der Energiebedarf für den Lastentransport wäre sehr hoch. Dieser könnte über Mikrowellen- oder Laserstrahlen vom Boden aus sichergestellt werden. Denkbar wären zudem Solarzellen, doch noch ist deren Wirkungsgrad zu gering bzw. deren benötigte Fläche zu groß. Ferner könnte man das Seil selbst unter Spannung setzen, doch die elektrotechnischen Grundlagen von Nanoröhrchen werden gerade erst erforscht. Vermutlich ist bei einem 36.000–100.000 km langen Seil der ohmsche Widerstand zu hoch, solange man nicht permanent auf −200 °C heruntergekühlt, um Supraleitung zu erreichen. Andererseits könnte diese Kühlung aber notwendig sein, um die thermischen Spannungen des Seils zu begrenzen, denn die Temperaturunterschiede zwischen Meereshöhe und Weltraum wären ebenfalls groß.

Der wissenschaftliche Advanced Space Infrastructure Workshop on Geostationary Orbiting Tether „Space Elevator" Concepts, abgehalten im Juni 1999 am Marshall Space Flight Center der NASA in Huntsville, kam zu dem Ergebnis, dass ein solches Projekt in der zweiten Hälfte dieses Jahrhunderts realisiert werden könnte und die Transportkosten so auf unter zehn Dollar pro Kilogramm gesenkt werden könnten. Dies würde in Sachen Raumfahrt alles verändern.[30]

Im Oktober 2007 fanden in Salt Lake City die *Space Elevator Games* statt. Hierbei sollte das Team, dem es gelingt, an einem 100 m langen Seil, welches an einem Hubschrauber hing, mit einem Gefährt 2 m/s aufzusteigen, 900.000 $ Preisgeld bekommen. Allerdings gab es keinen Sieger. Doch schon im Oktober 2009 fand die *Space Elevator Challenge* am Dryden Flight Research Center der NASA statt und das Team LaserMotive gewann das Preisgeld, indem sie es schafften, am Seil mit 3,6 m/s aufzusteigen.

[29]https://www.newscientist.com/article/dn10520-space-elevators-first-floor-deadly-radiation/ (06.08.2018).
[30]http://space.nss.org/media/2000-Space-Elevator-NASA-CP210429.pdf (14.08.2018).

Drei Jahre später fand im Oktober die European Space Elevator Challenge EUSPEC 2012 an der TU München statt und ein Jahr später vom 7. bis 10. August die SPEC2013 Space Elevator Challenge in Fujinomiya City am Fuß des Berges Fuji in Japan. Dabei schaffte man sogar den Aufstieg bei einem 35 mm breiten und 2 mm dicken sowie 1200 m langen Bandes aus Aramid mit der Bezeichnung Technora, welches an sechs Ballonen hing. Dieses Material kam schon beim Fallschirmsystem des Mars-Rover Opportunity zum Einsatz.

Aber nicht nur Studenten und universitäre Forschungseinrichtungen arbeiten an einem Weltraumlift. Wie die New York Times 2011 berichtete und Google zunächst dementierte und später dann doch bestätigte, arbeiteten Forscher im Unternehmen X Development, ehemals Google X Labs, ebenfalls an dieser Idee.[31]

Ein Weltraumlift könnte aber nicht nur etwas für die Erde sein, auch auf dem Mars und besonders auf dem Mond könnte dieser errichtet werden, denn je geringer die Anziehungskraft des Planeten oder Mondes, desto einfacher könnte dieser gebaut werden.

Literatur

Kaku, M. (2011). *Physics of the future*. New York: Doubleday.
Ley, W., & Hallmann, W. (2007). *Handbuch der Raumfahrttechnik*. München: Hanser.
Marsiske, H.-A. (2005). *Heimat Weltall – Wohin soll die Raumfahrt führen?*. Frankfurt a. M.: Suhrkamp.

---

[31]https://www.nytimes.com/2011/11/14/technology/at-google-x-a-top-secret-lab-dreaming-up-the-future.html (08.08.2018).

5

Weltraumtourismus

Wenn eine Idee am Anfang nicht absurd klingt, dann gibt es keine Hoffnung für sie.
ALBERT EINSTEIN (1879–1955)

Der Tourismus ist einer der größten Wirtschaftszweige, und die Idee des Weltraumtourismus stammt aus dem Jahr 1963 von der ehemaligen Fluglinie Pan Am, die bis zum Jahr 2000 Menschen ins All bringen wollte – immerhin 93.000 Menschen buchten einen Flug. Auch wenn diese Pläne letztendlich nicht realisiert worden sind, wird ein Flug ins All in den kommenden Jahren nicht aufwendiger als ein Transatlantikflug werden.

Heutzutage sind bereits mehrere Menschen als zahlende Passagiere ins All geflogen. Sei es aus Eigeninteresse, zu Marketingzwecken oder aus Geldnot einer Raumfahrtagentur.

Als erste Zivilistin für einen Weltraumflug wurde unter 11.000 Bewerbern die amerikanische Lehrerin Christa McAuliffe ausgewählt. Sie sollte aus dem Erdorbit Kinder unterrichten, doch tragischerweise war sie an Bord des Space Shuttles Challenger, das 1986 beim Start explodierte. Dies war ein erheblicher Rückschlag für die bemannte Raumfahrt.

Deswegen reiste erst im Jahr 1990 der japanische TV-Journalist Toyohiro Akiyama als erster Zivilist ins All. Sein Ziel war die Raumstation MIR und finanziert wurde die Reise von seinem Arbeitgeber. Ein Jahr später besuchte die Britin Helen P. Sharman im Rahmen des Projektes Juno ebenfalls die MIR. Sie wurde unter 13.000 Bewerbern ausgewählt und war die erste Frau an Bord der sowjetischen Raumstation. Ursprünglich sollten britische Firmen Geld spenden, um den ersten britischen Staatsbürger ins All zu bringen, doch scheiterte die Finanzierung, aber Michail Gorbatschow entschied,

© Springer-Verlag GmbH Deutschland, ein Teil von Springer Nature 2019
S. Piper, *Space – Die Zukunft liegt im All*, https://doi.org/10.1007/978-3-662-59004-1_5

Sharman trotzdem fliegen zu lassen, um die internationalen Beziehungen zu verbessern.

Im April 2001 flog mit dem amerikanischen Luft- und Raumfahrtingenieur Dennis Tito, der erste Weltraumtourist ins All, der seine Rechnung selbst bezahlt hat. Dieser flog mit der Sojus-Kapsel zur ISS, und in den darauffolgenden Jahren folgten weitere gut betuchte Weltraumtouristen. Im September 2006 startete mit der gebürtigen Iranerin mit amerikanischer Staatsbürgerschaft Anousheh Ansari auch die erste selbstzahlende Weltraumtouristin zur ISS.

Einen regelrechten Schub beim Weltraumtourismus brachte der Ansari X-Prize, der aufgrund der großzügigen Unterstützung von Anousheh Ansari und ihrem Schwager Amir Ansari nach ihnen benannt wurde. Den ursprünglichen Anstoß für diesen Preis gaben allerdings der Ingenieur Peter Diamandis, welcher von Charles Lindberghs Flug über den Atlantik angeregt wurde, und der Unternehmer Gregg Maryniak. Hierbei ging es darum, innerhalb von zwei Wochen zweimal die Grenze zum Weltraum in etwa 100 km Höhe zu erreichen. Als Preisgeld bekam der Gewinner 10 Mio. Dollar.

Gewonnen hat den Ansari X-Prize im Oktober 2004 der legendäre Flugzeugentwickler Burt Rutan mit dem SpaceShipOne. Dabei wurde das eigentliche Raumschiff von dem Trägerflugzeug White Knight in etwa 14 km Höhe gebracht und dort ausgeklinkt. Das SpaceShipOne zündete dann sein Hybridtriebwerk, welches als Treibstoff den Festtreibstoff HTPB und als Oxidator flüssiges Lachgas verwendete.

Die Entwicklungskosten lagen bei etwa 25 Mio. Dollar, und Paul Allen war einer der Geldgeber. Mit dem Nachfolgeraumschiff SpaceShipTwo soll der Weg für den kommerziellen Weltraumtourismus geebnet werden, auch wenn man aufgrund nur 3-facher Schallgeschwindigkeit mit diesem Raumschiff nicht in den Erdorbit eintreten kann. Richard Branson gründete hierfür im September 2004 die Firma Virgin Galactic und betreibt seit Oktober 2011 den Raumflughafen Spaceport America in New Mexico. Ein Trip ins All kostet aktuell 200.000 Dollar. Insgesamt sollen vier Raumschiffe vom Typ SpaceShipTwo von der Firma Scaled Composites gebaut werden. Die Idee stammt von dem alten Experimentalflugzeug X-15, welches von einer B-52 in die Luft gebracht wurde und sich dann ausklinkte. Allerdings gab es mehrmals Rückschläge. So explodierte im Jahr 2007 ein Raketenantrieb am Mojave Air & Space Port während eines Tests und tötete drei Menschen, und am 31. Oktober 2014 brach der SpaceShipTwo-Prototyp VSS Enterprise während eines Testflugs auseinander und nur einer der beiden Piloten konnte sich mit dem Fallschirm retten. Das National Transportation Safety Board (NTSB) untersuchte den Fall und kam zu dem Schluss, dass es keinen ausreichenden Schutz gegen menschliche Fehler gab, da der Co-Pilot zu früh das Federsystem entriegelt hatte, das normalerweise beim Wiedereintritt zum Einsatz kommt, um die Flügel nach oben zu schwenken, und so das Raumfahrzeug abzubremsen.[1]

Aktuell absolviert Virgin Galactic ein bemanntes Testprogramm. Im Juli 2018 flog die VSS Unity bis in 52 km Höhe und im Dezember 2018 bis auf 83 km. Für das Jahr 2019 sind die ersten Flüge mit zahlenden Passagieren geplant.

Dabei sind wir gerade erst am Anfang des Weltraumtourismus, und das Tor zum Weltraum wurde bisher nur einen Spalt breit geöffnet. Denn man wird sich nicht nur auf den erdnahen Orbit konzentrieren. Es gibt Pläne für Weltraumhotels oder gar für Pizzerien und Bars auf dem Mars, auch wenn das wohl noch etwas dauern wird. Aber im März 2018 machte Elon Musk auf der South by Southwest (SXSW) Messe in Austin Texas deutlich, wohin die Reise gehen soll.

SpaceX plant mit der Dragon-2-Kapsel nicht nur den Einstieg ins Weltraumtourismusgeschäft, sondern hat noch ehrgeizigere Pläne. Ebenfalls 2019/2020 sollen erstmals zahlende Touristen damit den Mond umkreisen. Die Dragon-2-Kapsel bietet Platz für bis zu sieben Menschen und ist – bis auf den als *Trunk* bezeichneten Teil mit den Solarpaneelen – wiederverwendbar. Anders als noch die erste Version der Dragon-Kapsel, die vom kanadischen Roboterarm Canadarm2 eingefangen werden musste, kann die neue Version automatisch an die ISS andocken. Zudem war vorgesehen, dass diese Version nicht mehr auf Fallschirme angewiesen ist, sondern mit ihren acht Triebwerken zielgenau landen kann und dass das SuperDraco-Triebwerk komplett im 3D-Druckverfahren hergestellt wird. Allerdings wurde im Juli 2017 bekannt, dass, anders als bei der offiziellen Vorstellung verkündet, zunächst doch auf ein Fallschirmlandeverfahren auf dem Meer zurückgegriffen werden soll. Außerdem plant SpaceX, den Milliardär Yusaku Maezawa im Jahr 2023 mit dem Starship um den Mond zu schicken, und da das Raumschiff zu groß für einzigen Passagier ist, will Maezawa Künstler aus allen Bereichen bei seiner Mondkreuzfahrt mitnehmen.[2]

---

[1]https://www.ntsb.gov/news/press-releases/Pages/PR20150728.aspx (24.04.2018).
[2]https://www.focus.de/wissen/weltraum/weltraumreise-dieser-japaner-fliegt-als-erster-tourist-zum-mond-und-er-hat-noch-plaetze-frei_id_9609950.html?fbc=fb-shares%3FSThisFB (18.09.2018).

Abb. 5.1 Landung des Boosters der New-Shepard-Rakete in West-Texas

Des Weiteren wurde bei den *Flight suits* nicht nur auf Funktionalität, sondern vor allem auch auf das Design geachtet. Deswegen arbeitete man mit Jose Fernandez zusammen, der eigentlich Superheldenanzüge für Hollywood kreiert. Diese sind nicht für Weltraumspaziergänge geeignet, sondern sind für den Einsatz in einer Druckkabine konzipiert und würden die Menschen nur vor einem plötzlichen Druckverlust schützen. Raumanzüge für Weltraumspaziergänge sind nämlich eine Wissenschaft für sich. Diese müssen die Astronauten nicht nur vor Mikrometeoriten, sondern auch vor drastischen Temperaturunterschieden und der Strahlung schützen.

Auch Konkurrent Blue Origin arbeitet mit der New-Shepard-Rakete (Abb. 5.1) an einem Transportmittel für Weltraumtouristen für Suborbitalflüge. Die New Shepard, benannt nach dem amerikanischen Astronauten Alan Shepard, war im November 2015 die erste Rakete, der nach dem Start eine sanfte Landung nach einem Testflug glückte, wenige Wochen bevor dies auch SpaceX zum ersten Mal gelang. Wenn die New-Shepard-Rakete in West-Texas startet, brennt für 2,5 min das Haupttriebwerk, bevor sich dieses abschaltet und die Blue-Origin-Kapsel sich von der Rakete abtrennt. Diese landet dann, gesteuert von einem Ringsystem mit vier ausklappbaren Keil-Finnen und abgebremst durch acht Luftbremsen *(Drag Brakes)* am oberen Teil der Rakete, selbstständig am Landeplatz, während die sechs

Passagiere in der Kapsel noch genügend Schwung haben, um mit mehr als Mach 3 weiterzufliegen und dann für etwa 4 min, in kompletter Stille, schwerelos sind. Hierbei können diese in 100 km Höhe die Erdkrümmung sehen, und dies durch die größten Fenstern, die jemals ins All geflogen sind und ein Drittel der Kapseloberfläche ausmachen. Diese bestehen allerdings nicht aus Glas, auch wenn sie ähnliche Eigenschaften haben, sondern aus multiplen Schichten von „fracture-tough transparencies". Nach dem Wiedereintritt landet die Kapsel an drei Fallschirmen, wobei auch an einer raketengebremsten Landung gearbeitet wird.[3,4]

Interessant ist auch die Idee der 1999 gegründeten Firma Bigelow Aerospace. Diese erwarb die Rechte an den Patenten der NASA über die Trans-Hab-Technologie, nachdem der US-Kongress dieses zusätzliche Wohnmodul für die ISS gestrichen hatte, und plant aufblasbare Module für Weltraumhotels. Schon Wernher von Braun dachte über eine radförmige Weltraumstation nach, die wie ein Autoreifen aufgeblasen werden kann (Braun und Ley 1958, S. 40).

Seit April 2016 befindet sich das Bigelow Expandable Activity Module (BEAM) im Auftrag der NASA an Bord der ISS und soll dort noch bis mindestens 2020 angekoppelt sein, um diese Technologie zu testen. Denn neben Weltraumschrott und Mikrometeoriten stellt die Strahlung eine Gefahrenquelle dar, und deswegen soll über einen längeren Zeitraum getestet werden, ob aufblasbare Module eine echte Alternative darstellen und den Sicherheitsanforderungen der Besatzung genügen. Allerdings dient dieses Modul nicht als zusätzliches Wohnmodul, sondern wird als Lagerraum benutzt.

Außerdem gibt es in China Pläne für den Weltraumtourismus. Die Organisation China Academy of Launch Vehicle Technology, die unter anderem die Trägerraketen vom Typ Langer Marsch baut, hat ehrgeizige Pläne und will suborbitale Flüge für 200.000–250.000 Dollar anbieten. Hierzu wird ein Starrflügel-Raumgleiter für bis zu 20 Menschen entwickelt, der vertikal starten und horizontal landen kann. Angetrieben werden soll der Raumgleiter von flüssigem Methan und Sauerstoff.[5]

---

[3]https://www.space.com/40372-new-shepard-rocket.html (24.04.2018).
[4]https://www.blueorigin.com/new-shepard (07.08.2018).
[5]https://www.newscientist.com/article/2107802-china-plans-worlds-biggest-spaceplane-to-carry-20-tourists/ (01.08.2018).

Weltraumarchäologie

Seit dem Beginn des Raumfahrtzeitalters wurden Tausende von Raketen in den Erdorbit, zum Mond oder zu den Planeten unseres Sonnensystems geschickt. Einige dieser Missionen enthielten Landeeinheiten, die eines Tages von Archäologen oder Hobbyarchäologen erforscht werden könnten. Ähnlich wie die ägyptischen Pyramiden oder die antiken Maya-Stätten Hot Spots für Touristen sind, könnten diese technischen Hinterlassenschaften für zukünftige Generationen einen besonderen Reiz ausmachen. Neben den bereits erwähnten Hinterlassenschaften des Apollo-Programms auf dem Mond würden sich insbesondere die Landeeinheiten – wie z. B. Viking 1 und 2 (1976) – und Rover – wie z. B. Pathfinder (1996), Spirit (2004) und Opportunity (2004) – des Mars-Programms für einen Besuch eignen. Die sowjetischen Landeeinheiten wie z. B. Venera 13 (1981) auf der Venus, sind aufgrund der dortigen Umweltbedingungen weniger gut geeignet, sofern von den Einheiten überhaupt noch etwas übrig ist. Denn die säurehaltige Atmosphäre der Venus ist sehr aggressiv.

Auswirkungen des Alls auf den menschlichen Organismus

Sobald man die schützende Erdatmosphäre verlässt, ist man mehreren Gesundheitsrisiken ausgesetzt, und dies gilt nicht nur für professionell ausgebildete Astronauten, sondern vor allem für Weltraumtouristen.

Zwar lieferten die bisherigen Raumstationen wertvolle Erkenntnisse über die Kurz- und Langzeitauswirkungen der Mikrogravitation auf den menschlichen Organismus und ermöglichten so bessere Möglichkeiten, um dem Muskelschwund und Knochenabbau entgegenzuwirken (so trainieren die Astronauten an Bord der ISS täglich zwei Stunden, da die Knochen im All permanent Kalzium verlieren). Dennoch dauert es häufig mehrere Tage, bis sich der Körper des Astronauten überhaupt auf die neue Umgebung eingestellt hat und ein tägliches Fitnessprogramm kann die Entwicklung zwar verlangsamen, aber nicht aufhalten. Außerdem können leichter Nierensteine auftreten, da die Nierenkanäle und Harnwege schlechter durchspült werden und das Herz-Kreislauf-System beeinträchtigt wird, da das Blut aus den Beinen in den Oberkörper aufsteigt und somit der Blutdruck erhöht wird. Auch das Immunsystem arbeitet insgesamt im All deutlich schlechter, deswegen leiden die meisten Astronauten unter einer erhöhten

Körpertemperatur und haben häufig Kopf- und Rückenschmerzen. Dies tritt vor allem deshalb auf, da die Wirbelsäule nicht mehr durch die Schwerkraft zusammengestaucht wird und sich die Bandscheiben ausdehnen. Ferner kann der Gehirndruck ansteigen und somit auf die Augäpfel drücken, und wie aktuelle Studien des DLR zeigen, verschärft die erhöhte CO_2-Konzentration an Bord der ISS diese negativen Auswirkungen. Deshalb bekommen Astronauten Probleme mit ihren Augen, dies erforscht die NASA aktuell beim Vision Impairment and Intracranial Pressure (VIIP)-Projekt.

Unsere Körper wurden seit Jahrmillionen durch die Evolution auf die Schwerkraft der Erde optimiert, sodass ein Fehlen dieser Kraft negative Folgen hervorruft. Ferner macht ein veränderter Tag-Nacht-Rhythmus vielen im All zu schaffen, da der Biorhythmus völlig außer Takt gerät. Überraschend hingegen war die Erkenntnis, welche die NASA durch die eineiigen Zwillinge Scott und Mark Kelly gewonnen hat, da Scott nach einem einjährigen All-Aufenthalt seinem Zwillingsbruder bei der Rückkehr deutlich unähnlicher und seine Genaktivität zu 7 % verändert war. Zwar hat sich Scott Kelly von den Strapazen wieder erholt, dennoch wurde sein Körper auf molekularer Ebene dauerhaft verändert.

Literatur

von Braun, W., & Ley, W. (1958). *Die Eroberung des Weltraums*. Frankfurt a. M.: Fischer Bücherei.

6

Antriebssysteme

Was heute als Science-Fiction-Roman begonnen wird, wird morgen als Reportage beendet.

Arthur C. Clarke (1917–2008)

Einmal im Orbit, muss man, um das Schwerefeld der Erde verlassen zu können, die zweite kosmische Geschwindigkeit, besser bekannt unter der Bezeichnung „Fluchtgeschwindigkeit", von 11,2 km/s (40.320 km/h) erreichen.

Bereits im Jahr 1916 hatte der deutsche Ingenieur Walter Hohmann die Bahn berechnet, auf der ein Raumschiff mit minimalem Energieaufwand zwischen zwei Planeten reisen könnte, die denselben Stern in einer Ebene umkreisen. Diese Bahn hat die Form einer halben Ellipse. Dabei muss der Aufbruch zu einer Reise von einem inneren zu einem äußeren Planeten gerade so erfolgen, dass der Zielplanet sich bei der Ankunft genau im sonnenentferntesten Punkt der Hohmann-Ellipse befindet.

Bis Anfang der 1960er-Jahre war man davon überzeugt, dass die Hohmann-Transferbahn das günstigste Manöver ist, um einen fernen Planeten zu erreichen. Man glaubte nämlich, dass die Gravitationseinwirkung von Planeten sich nur negativ auf einen Raumflugkörper auswirken würde, bis sich 1961 ein Mathematikstudent näher mit dem sogenannten Drei-Körper-Problem beschäftigte und nachwies, dass eine Sonde durch die Anziehungskraft eines Planeten auch beschleunigt werden kann. Die Idee von dem Swing-by-Manöver war geboren, und bereits 1962 zeigte die Mariner-2-Sonde bei einem Vorbeiflug an der Venus, dass dies in der Praxis

© Springer-Verlag GmbH Deutschland, ein Teil von Springer Nature 2019
S. Piper, *Space – Die Zukunft liegt im All,* https://doi.org/10.1007/978-3-662-59004-1_6

funktioniert. Erst dank dieses Manövers wurden viele Missionen möglich, da anderenfalls der Treibstoffbedarf zu groß bzw. die Nutzlast zu klein geworden wäre (Messerschmid und Fasoulas 2011, S. 158).

Heutzutage setzen wir nicht nur für den Start von der Erde, sondern für Reisen zu den Planeten unseres Sonnensystems noch auf chemische Antriebe. Auch wenn schon die ein oder andere Sonde mit einem experimentellen Ionenantrieb zum Mond oder einem Asteroiden geschickt wurde, doch dazu später mehr.

Chemische Antriebe erzeugen eine relativ hohe Schubkraft, doch reicht der Treibstoff nur für wenige Minuten Brenndauer, und es bedarf neuer Konzepte, um dauerhaft im All Fuß zu fassen. Zwar könnten nukleare Raketenantriebe einen gewaltigen Sprung nach vorne bedeuten – so wurde beim NERVA-Projekt (Nuclear Engine for Rocket Vehicle Application) Anfang der 1970er-Jahre ein spezifischer Impuls erreicht, der mehr als doppelt so hoch war wie mit den besten chemischen Raketentriebwerken –, doch sind diese heutzutage gesellschaftlich und politisch schwer durchsetzbar. Auch wenn immer wieder einmal darüber nachgedacht wird und die NASA im Jahr 2003 das Projekt *Prometheus* gegründet hatte, dessen Budget 2006 aber schon wieder massiv beschnitten und das Projekt letztendlich eingestellt wurde.

Die Erforschung alternativer Antriebe ist teuer und ein langwieriges Unterfangen, bei dem es noch nicht einmal eine Erfolgsgarantie gibt. Die Budgets der Raumfahrtorganisationen sind begrenzt, und alles, was nicht innerhalb weniger Jahre entwickelt werden kann, hat es schwer, gefördert zu werden.

Technologien, die erst in ein oder zwei Jahrzehnten Erfolg versprechende Resultate bringen könnten, liegen oftmals außerhalb der Vorstellungskraft öffentlicher Fördergeber.

Gegenwärtig werden „grüne" Treibstoffe sowohl für Trägerraketen als auch Satellitenantriebe entwickelt, die nicht so toxisch wie bspw. Hydrazin sind. In der Vergangenheit gab es zudem schon das ein oder andere kuriose Projekt. So plante Theodore Taylor beim *Orion Project* (1957–1965), Atombomben als Antrieb für Raumschiffe zu verwenden. Durch die Schockwellen bei der Detonation der Bomben sollte das Raumschiff auf nahezu Lichtgeschwindigkeit beschleunigt und die interstellare Raumfahrt möglich gemacht werden. Zwar würde ein solches Antriebssystem einen hohen Schub mit einem hohen spezifischen Impuls verbinden, doch wurde aus naheliegenden Gründen nichts aus diesem Projekt (Kaku 2011, S. 224).

Energieversorgung

Ein großes Problem bei den Antriebssystemen ist die Energieversorgung. Seit 1958 bei dem Vanguard-Satelliten zum ersten Mal Solarzellen (Abb. 6.1) zum Einsatz gekommen sind, damals noch mit der bescheidenen Leistung von 5 mW, finden wir diese heute bei Sonden und Satelliten sehr häufig. Dabei waren Solarzellen nur ein Nebenprodukt der Transistorentwicklung (Messerschmid und Fasoulas 2011, S. 31). Hierbei gewinnt man die Energie, indem Sonnenlicht in elektrische Energie umgewandelt wird. Dabei geht im All Zuverlässigkeit vor Wirkungsgrad, zumal Solarzellen nicht nur von Mikrometeoriten getroffen werden können, sondern mit der Zeit degenerieren und somit die zur Verfügung stehende Energiemenge immer weniger wird. Außerdem brauchen Raumfahrzeuge mit Solarpaneelen einen Energiespeicher für die Missionsphasen, bei der sie keine oder zu wenig Sonneneinstrahlung abbekommen. Hinzu kommt, dass man stets Gewichtsprobleme hat.

Diese hat man darüber hinaus bei Raumstationen, und dies ist der Grund, warum Brennstoffzellen aufgrund ihres hohen Massebedarfs ausgeschlossen sind (Messerschmid und Fasoulas 2011, S. 307), während Brennstoffzellen beim Gemini- und Apollo-Programm noch erste Wahl waren, indem sie

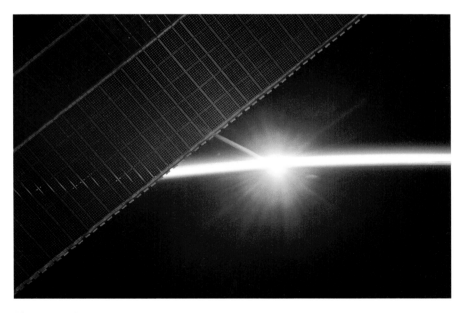

Abb. 6.1 Solarzellengruppe im Erdorbit

chemische Energie direkt in elektrische Energie umgewandelt haben, und das bei einem hohen Wirkungsgrad.

Für Missionen ins äußere Sonnensystem wird die Energieversorgung mittels radioaktiven Zerfalls gesichert, indem über einen Radioisotope Thermoelectric Generator (RTG) thermische Energie in elektrische Energie umgewandelt wird. Dieser wurde u. a. bei der Galileo- und der Cassini-Huygens-Sonde sowie beim Marsrover Curiosity eingesetzt. Dabei steht Sicherheit an erster Stelle und die RTGs sind so ausgelegt, dass sie einen Wiedereintritt und sogar die Explosion der Trägerrakete auf der Startrampe überstehen würden.

Leider gibt es noch nicht die Möglichkeit, Kernfusionsenergie einzusetzen, deshalb gibt es immer wieder Überlegungen, Kernfission, sprich Kernspaltung, bei Satelliten und Sonden einzusetzen. So testeten die USA einmalig 1965 beim Satelliten SNAP 10 A einen thermischen Reaktor, der Uran 235 spaltete, während die Sowjetunion häufiger bei militärischen Satelliten Reaktoren verwendete (Messerschmid und Fasoulas 2011, S. 324–326).

Schon Wernher von Braun machte sich hierüber Gedanken und lehnte den Einsatz eines Atomreaktors aus Sicherheits- und Gewichtsgründen ab und favorisierte dagegen die Idee eines Kraftwerks bestehend aus einem Hohlspiegel und einem Dampfkessel, bei dem der Spiegel ständig zur Sonne ausgerichtet ist und Quecksilber in Quecksilberdampf verwandelt und über eine Turbine ein Generator angetrieben wird (Braun und Ley 1958, S. 43, 85–86).

Ionenantrieb

Die Geschichte des Ionentriebwerks (Abb. 6.2) reicht zurück bis in die 1920er-Jahre. Die ersten, die sich hiermit beschäftigten, waren Hermann Oberth in seinem Buch „Die Rakete zu den Planetenräumen" sowie Franz Abdon von Ulinski (1890–1974), welcher ähnliche Gedanken mit seiner Idee eines „Kathodenstrahl-Raumschiffs" publizierte. Einem größeren Publikum bekannt wurde dieses Antriebssystem allerdings erst durch die Raumschiff-Enterprise-Episode „Spocks Gehirn".

Ab Ende der 1950er-Jahre und vor allem in den 1960er-Jahren experimentierte die amerikanische Raumfahrtbehörde NASA und sowjetische Ingenieure an verschiedenen Konzepten des Ionentriebwerks. Zunächst allerdings nur als Lageregelung für Satelliten.

Ionenantriebe haben den Vorteil, dass sie nicht durch chemische Energiespeicher begrenzt werden, sie funktionieren aber nur im All und nicht in

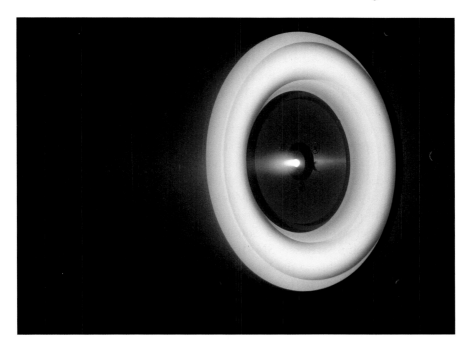

Abb. 6.2 Bild eines solar-elektrischen Antriebes, der Xenon-Ionen ausstößt

der Erdatmosphäre und erzeugen im Gegensatz zu chemischen Raketen zwar keinen plötzlichen, gewaltigen Schub, dafür aber einen stetigen Strom ionisierter Gase. Meist wird dabei das Edelgas Xenon verwendet.

Beim Ionisieren wird das Gas elektrisch geladen, und durch ein elektrisches Feld (elektrostatisch) oder in Kombination mit einem magnetischen Feld (elektromagnetisch) können diese geladenen Gaspartikel dank der Lorentzkraft auf hohe Geschwindigkeiten beschleunigt werden. Vor dem Austritt des geladenen Partikelstroms aus der Düse wird dieser elektrisch wieder neutralisiert, d. h. es werden den positiv geladenen Partikeln negativ geladene Elektronen hinzugefügt, um eine elektrische Aufladung des Raumfahrzeuges zu verhindern.[1]

Dabei ist das Ionentriebwerk sehr effizient, was den Treibstoffverbrauch angeht, und kann jahrelang betrieben werden. Wenn der dafür nötige Strom über Solarpaneele gewonnen wird, spricht man von Solar Electric Propulsion (SEP).

---

[1] http://www.esa.int/esaCP/SEMNRG0P4HD_Germany_0.html (22.01.2012).

Dies macht dieses Antriebskonzept zum idealen Antrieb für Langstrecken-missionen, wenn der Faktor Zeit keine große Rolle spielt. Die erste Sonde mit diesem Antriebskonzept war die amerikanische Sonde Deep Space 1, welche 1998 gestartet wurde. Dabei kam das NSTAR-Triebwerk (NASA Solar electric propulsion Technology Application Readiness) zum Einsatz, welches auf eine Idee des Physikers Harold R. Kaufman zurückgeht. Ferner verwendete die japanische Asteroidensonde Hayabusa einen solchen Antrieb.

Das erste europäische Ionentriebwerk wurde an Bord der 2003 gestarteten Mondsonde Smart-1 getestet. Dabei handelte es sich um einen Hall-Effect Thruster (HET-Triebwerk). Hierbei kommt eine ringförmige Entladungs-kammer zum Einsatz, und die ionisierten Partikel werden mittels Hall-Ef-fekt ausgestoßen.

Eine vielversprechende Neuentwicklung auf diesem Gebiet ist der Proto-typ des Dual-Stage 4-Grid (DS4G) der ESA in Kooperation mit der Aus-tralian National University. Dazu wurde ein 20 cm im Durchmesser fassender 4-fach-Gitter-Ionenantrieb entwickelt, welcher mit 250 kW betrieben wurde und 2,5 N Schub entwickelte, bei einem spezifischen Impuls von 19.300 s. Dies könnte dazu führen, dass zukünftig unbemannte Sonden per Ionenantrieb das äußere Sonnensystem tiefer erforschen.[2]

Plasmaantriebe (VASIMR)

VASIMR (VAriable Specific Impulse Magnetoplasma Rocket) ist ein elektri-scher Plasmaantrieb. Im ersten Schritt wird Wasserstoff – wobei auch Argon oder Xenon möglich wären – mittels Ionisation durch elektromagnetische Wellen vom gasförmigen Aggregatzustand in den plasmaförmigen umgewandelt. Damit der Strom aus Elektronen und Ionen begrenzt wird, kommen Magnetfelder zum Einsatz. Im nächsten Schritt wird das kalte Plasma, welches allerdings schon heißer als die Oberfläche der Sonne ist, von einigen Tausend Grad Celsius auf etwa 10 Mio. Grad aufgeheizt. Durch eine magnetische Düse wird das heiße Plasma dann mit hohem Schub aus-gestoßen.[3]

Dieser Antrieb wird vom ehemaligem NASA-Astronauten Franklin Chang-Diaz seit 1977 entwickelt. Die Idee dazu kam ihm, als er sich in sei-ner Dissertation am MIT mit der kontrollierten thermonuklearen Fusion

[2]http://www.esa.int/gsp/ACT/doc/PRO/ACT-RPR-PRO-IAC2006-DS4G-C4.4.7.pdf (22.01.2012).
[3]http://www.adastrarocket.com/aarc/VASIMR (22.08.2018).

beschäftigte. Nachdem er vom Posten des Direktors des Advanced Space Propulsion Laboratory am Johnson Space Center im Jahr 2005 pensioniert wurde, gründete er in Costa Rica die Firma Ad Astra, um sich verstärkt dem Thema zu widmen.[4]

VASIMR könnte bei einer bemannten Marsmission zum Einsatz kommen. Denn mit diesem Antrieb könnte sich die Reisezeit von 6–7 Monaten auf 39 Tage verkürzen, und die erzeugten Magnetfelder würden zusätzlich die Besatzung gegen gefährliche Teilchen-Strahlung schützen.

Allerdings gibt es mehrere Herausforderungen. Leistungsfähige elektrische Antriebe sind sehr energiehungrig, und damit man wirklich einen Fortschritt hätte, bräuchte man Megawatt an elektrischer Leistung. Deswegen wird sogar über den Einsatz eines kleinen Nuklearreaktors nachgedacht. Zudem ist der Wirkungsgrad bisher noch nicht hoch genug.

2015 nahm die NASA das Antriebssystem in ihr NEXTSTEP-Programm auf. Die *First Flight Unit* mit der Bezeichnung VF-200, bestehend aus zwei 100 kW-Schubdüsen, sollte an der ISS getestet werden, wurde aber zugunsten einer Weiterentwicklung dieses Antriebes zurückgestellt.[5]

Sonnensegel

Die Idee für ein Segel im All lässt sich bis zu einem Brief von Johannes Kepler an Galileo Galilei zurückverfolgen. Kepler beobachtete nämlich 1607 einen Kometen und war vom Kometenschweif fasziniert. Er schlussfolgerte, dass Sonnenlicht die Oberfläche des Kometen erhitzt und deswegen Material verdampft. Doch sollte es bis zum Jahr 1865 dauern, bevor James Clerk Maxwell bewies, dass Licht aus Photonen besteht – auf den Wellen-Teilchen-Dualismus des Lichts soll nicht eingegangen werden – und diese Photonen Energie und Bewegung auf ein anderes Objekt übertragen können.[6]

Infolgedessen haben schon zahlreiche Forscher überlegt, wie man dieses kostengünstige Antriebskonzept nutzen könnte. Darunter waren so bekannte Köpfe wie Friedrich A. Zander, Hermann Oberth und Konstantin Ziolkowski (Kaku 2011, S. 206).

---

[4]http://seedmagazine.com/content/article/a_rocket_for_the_21st_century/ (22.08.2018).

[5]http://www.adastrarocket.com/aarc/VF-200 (22.08.2018).

[6]http://www.planetary.org/explore/projects/lightsail-solar-sailing/story-of-lightsail-part-1.html (23.08.2018).

Abb. 6.3 Test eines Solarsegels in einer Vakuumkammer der NASA am Glenn Research Center

Beim Sonnensegel (Abb. 6.3) übt also die elektromagnetische Strahlung der Sonne, sprich die Photonen des Sonnenlichts, einen geringen, aber stetigen Impuls auf das Segel aus und dieses benötigt somit keinen Treibstoff mehr, um eine geringe Beschleunigung zu erfahren. Das Sonnensegel besteht aus einer extrem dünnen Membranfolie, bei der zur optimalen Ausnutzung auf der Sonnenseite des Segels eine hochreflektierende Metallschicht aufgedampft wurde. Allerdings lässt der Wirkungsgrad aufgrund des geringeren Strahlungsdrucks mit zunehmender Entfernung von der Sonne nach (Messerschmid und Fasoulas 2011, S. 167–170).

Für die interstellare Raumfahrt könnte ein Segel gezielt durch einen Laserstrahl (Laser Sail) angetrieben werden, um eine wesentlich höhere Beschleunigung zu erfahren, und es gibt sogar Pläne, eine solche Anlage auf dem Mond zu errichten.

Eine ähnliche Idee hatte bereits 1985 der Wissenschaftler und Autor Robert L. Forward, als er das Konzept des *Starwisp* veröffentlichte. Hierbei handelt es sich um eine unbemannte interstellare Sonde, bei der Mikrowellenstrahlung auf das Segel trifft, durch die die Sonde beschleunigt wird. Zwar hätte Mikrowellenstrahlung den Nachteil, dass deren Wellenlänge um vier Größenordnungen länger ist als die sichtbaren Lichts und deshalb das Segel bedeutend größer sein müsste, doch wäre die Effizienz des Strahls wesentlich höher als bei Laserstrahlen, und dies würde die Energiekosten senken. Zudem ist deren Technologie erprobter.

Die beiden NASA-Wissenschaftler und Autoren Les Johnson (Marshall Space Flight Center) und Geoffrey A. Landis (Glenn Research Center) – der im Mai 1999 den Abschlussbericht des Advanced Solar- and Laser-pushed Lightsail Concepts veröffentlichte – sind beide davon überzeugt, dass mit dieser Methode 0,1 % der Lichtgeschwindigkeit erreichbar sind (Kaku 2011, S. 282–283).[7]

Die u. a. von Carl Sagan gegründete Planetary Society plante, das Konzept eines Sonnensegels mit dem 100 kg schweren Satelliten Cosmos 1 zu überprüfen. Dazu schoss ein russisches U-Boot am 21. Juni 2005 eine Wolna-Rakete samt Nutzlast ins All. Leider kam der Satellit dort nicht an, da die erste Stufe der Rakete sich aufgrund von Problemen mit der Turbopumpe zu früh abschaltete.

Daneben gab es mehrere gescheiterte Versuche, ein Sonnensegel im All zu entfalten, bis im Mai 2010 die japanische Raumfahrtagentur JAXA mit einer H-IIA-Rakete das experimentelle IKAROS-Raumfahrzeug (Interplanetary Kite-craft Accelerated by Radiation Of the Sun), zusammen mit dem Venus Climate Orbiter, startete. Das 315 kg schwere Raumfahrzeug entfaltete nicht nur sein 14×14 m^2 großes Sonnensegel erfolgreich, sondern ist die erste erfolgreiche Demonstration der Technologie im All, und im Dezember 2010 passierte IKAROS den Planeten Venus. Für das Jahr 2022 plant die JAXA mit dem *Solar Power Sail* sogar eine 1,3 t schwere Sonde mit einer Kombination aus einem 50×50 m^2 großen Sonnensegel und einem Ionenantrieb zum Planeten Jupiter zu schicken.[8]

Im Jahr 2016 kam die Idee auf, Minisonden bei der Erforschung des Universums einzusetzen, und sowohl Facebook-Gründer Mark Zuckerberg als auch Stephen Hawking zählen bzw. zählten zu den Unterstützern dieses als *Breaktrough Starshot* bezeichneten Projekts. Finanziert werden soll das Ganze zunächst durch den russischen Milliardär Jurij Milner, welcher bereit ist, 100 Mio. $ in dieses Projekt zu investieren, weil er dabei auf einen technischen Durchbruch hofft.

Hierzu sollen extrem leistungsstarke Laser die Minisonden, welche mit einem Sonnensegel ausgestattet sind, auf 20 % der Lichtgeschwindigkeit

---

[7]http://www.niac.usra.edu/files/studies/final_report/4Landis.pdf (22.08.2018).

[8]https://www.japantimes.co.jp/news/2016/07/21/national/science-health/huge-sail-will-power-jaxa-mission-trojan-asteroids-back/#.WIOUu7GcaRs (22.08.2018).

beschleunigen und diese in großer Zahl zu unserem kosmischen Nachbarn, dem Alpha-Centauri-System, schicken. Dieses ist nur 4,3 Lichtjahre von uns entfernt und besteht aus einem Dreifachsternsystem. Zudem beherbergt dieses definitiv einen vielversprechenden Exoplaneten (Abb. 6.4), welcher den roten Zwerg Proxima Centauri in der habitablen Zone umkreist.

In diesem Fall soll also die Schwarmtechnologie die interstellare Raumfahrt ermöglichen, und ein Ausfall von Hunderten der Sonden wäre von vornherein einkalkuliert und die Mission ein Erfolg, wenn nur eine Sonde am Ziel ankommt und Daten zurück zur Erde sendet.

Doch gibt es mehrere Schwierigkeiten. Zum einen gibt es bisher keine so leistungsstarken Laser und zum anderen ist die Kommunikation in unserem Sonnensystem schon kompliziert genug.

Aktuell gelingt es uns zwar, Daten mit einer Sendeleistung von nur 20 W vom Mars zu empfangen, doch Daten aus dem Alpha-Centauri-System zu empfangen wäre eine noch sehr viel größere Herausforderung. Des Weiteren wäre das Abbremsen schwierig, auch wenn Wissenschaftler des Max Planck Instituts für Sonnensystemforschung denken, eine Möglichkeit gefunden zu haben. Hierbei soll die Strahlung der Sterne zum Abbremsen genutzt werden, und dies könnte funktionieren, wenn die Sonnensegel ausreichend groß – etwa 100.000 m^2 – sind und man bereit ist, dem einen oder anderen Stern sehr nahe zu kommen.[9]

Dies allerdings führt zu einem anderen Problem, denn die Sonnensegel dürften nur ein Gewicht von ein paar Hundert Gramm aufweisen, und wie man Größe und Gewicht unter einen Hut bekommen soll, ist bislang völlig unklar bzw. setzt vollkommen neue Materialien voraus.

Außerdem benötigt man starke Sendeantennen zum Übertragen der Daten, ein Kamerasystem, Sensoren, einen Navigationscomputer, eine Energiequelle und noch vieles mehr. Wie man dies alles in Minisonden integrieren will, ist bislang ein Rätsel, denn hierfür wären erhebliche Fortschritte in der Miniaturisierung dieser Technologien notwendig.

Zukünftige Antriebssysteme für die interstellare Raumfahrt

Die NASA betrieb von 1996 bis 2002 am Glenn Research Center das Breakthrough Propulsion Physics Project (BPPP). Geleitet wurde dieses vom langjährigen NASA-Physiker Marc G. Millis. Ziel dieses Projektes

[9]https://arxiv.org/abs/1701.08803 (22.09.2018).

Abb. 6.4 Künstlerische Darstellung der Oberfläche des Exoplaneten Proxima Cenaturi b

war es, zahlreiche Ideen wie den Warp-, Nullpunktenergie- oder Anti-gravitations-Antrieb auf ihre Realisierbarkeit hin zu überprüfen, um einen gewaltigen technischen Durchbruch zu erreichen. Dieser wurde zwar nicht geschafft, doch wurden insgesamt zwölf verschiedene Ansätze untersucht und 16 Artikel in renommierten Fachzeitschriften veröffentlicht sowie lohnende Forschungsmöglichkeiten für die Zukunft aufgezeigt. Nach Abschluss des Projektes gründete Marc G. Millis die Tau Zero Foundation, in der er sich noch heute mit der Thematik beschäftigt.[10]

Außerdem betreibt die NASA am Marshall Space Flight Center das Advanced Space Transportation Program (ASTP)[11], das sich auch mit zukünftigen Raumfahrtantrieben beschäftigt. Zudem forscht eine kleine Gruppe am Advanced Propulsion Physics Laboratory des Johnson Space Center der NASA, das auch bekannt ist unter der Bezeichnung „Eagleworks Laboratories", an theoretischen neuen Antrieben für Raumfahrtzeuge.

---

[10]Interview mit Marc. G Millis am 07.11.2018.

[11]https://www.nasa.gov/centers/marshall/news/background/facts/astp.html (03.11.2017).

Antimaterie-Antrieb

Dass Antimaterie existiert und sie für ein interessantes Antriebskonzept genutzt werden könnte, ist heutzutage allgemein anerkannt. Antimaterie verhält sich genau wie normale Materie. Ein Antiwasserstoffatom hat allerdings einen anderen Spin und besteht nicht aus einem positiv geladenen Atomkern, der von einem negativ geladenen Elektron umrundet wird, sondern aus einem negativ geladenen Atomkern, welcher von einem positiv geladenen Elektron, auch bekannt als Positron, umkreist wird.

Theoretisch vorhergesagt wurde die Antimaterie von Paul Dirac, der die Tatsache ernst genommen hatte, dass seine relativistischen Gleichungen der Quantentheorie zwei unterschiedliche Lösungen erlaubten. Allerdings wurde dieser Umstand jahrelang ignoriert, und erst 1932 wurde das Positron, in der kosmischen Strahlung, experimentell nachgewiesen.

Trifft ein Materieteilchen auf sein Antimaterieteilchen, löschen sie sich gegenseitig in einem Lichtblitz aus. Diese Effizienz macht es so reizvoll, denn kein anderes Antriebskonzept hat einen Wirkungsgrad von 100 %. Außerdem wird bei dieser sogenannten Antimaterie-Annihilation sehr viel mehr Energie freigesetzt als bei der Kernspaltung oder Kernfusion, denn nach Einsteins berühmter Formel $E = mc^2$ wird die gesamte Materie zu Energie.

Heutzutage sind für uns die größten Probleme die energieintensive Herstellung von Antimaterie und die damit verbundenen astronomischen Kosten, denn dies gelingt uns bislang nur in Teilchenbeschleunigern. Und dabei reden wir nicht von Kilogramm oder Gramm, sondern lediglich von ein paar Dutzend Teilchen, die nur für wenige Minuten in einer magnetischen Falle festgehalten werden konnten. Der Rekord liegt bei 1000 s (16,6 min).[12]

Eine weitere Herausforderung wäre deshalb die Langzeitspeicherung der Antimaterie, da diese die Behälterwand nicht berühren dürfte. Sonst würde es nämlich eine Materie-Antimaterie-Reaktion geben, sprich eine gewaltige Explosion.

Da Antimaterie aber als Waffensystem sehr reizvoll ist, bin ich mir sicher, dass zukünftig an Konzepten geforscht wird, diese nutzbar zu machen. Denn wir Menschen sind schon eine kuriose Spezies, nichts beflügelt unseren Geist so, wie wenn wir uns gegenseitig auslöschen könnten. Das erste von Menschenhand geschaffene Objekt an der Grenze zum All war keine

---

[12]http://arxiv.org/abs/1104.4982 (24.09.2018).

Forschungsrakete, sondern eine V2, und statt der friedlichen Erforschung der Kernenergie ging es beim *Manhattan Project* um den Bau der Atombombe (Kaku 2011, S. 287).

Fusions-Antrieb

Die Kernfusion ist ein lang gehegter Menschheitstraum, denn das „Sonnenfeuer" nutzbar zu machen würde bedeuten, eine nahezu unerschöpfliche, saubere und klimaschonende Energiequelle zu besitzen. Bislang geschieht dies allerdings nur im Inneren eines Sterns. Doch nicht nur für unsere Energieversorgung auf der Erde, sondern auch als Antriebssystem für die Raumfahrt wäre die kontrollierte Kernfusion ein echter „Game-Changer".

Anders als bei der Kernspaltung würde es eine deutlich geringere Strahlenbelastung geben, sodass nur eine geringe Abschirmung erforderlich wäre, und dies würde sich positiv auf die Masse eines Raumschiffs auswirken. Zumal für eine Reise zum Mars nur ein paar Kilogramm Treibstoff notwendig wären. Zudem hätte ein solcher Antrieb einen sehr hohen spezifischen Impuls.

Als Treibstoff wäre das auf der Erde sehr seltene, nicht radioaktive Helium-3 vorteilhaft, und dies ist einer der Hauptgründe, Bergbau auf dem Mond zu betreiben oder sich ins äußere Sonnensystem vorzuwagen. Denn das Isotop Helium-3 hat zwei Protonen und ein Neutron und könnte zu Deuterium, welches aus einem Proton und einem Neutron besteht, fusioniert werden, sodass ein Proton emittiert wird. Diese Energie könnte vollständig in elektrischen Strom umgewandelt werden.

Außerdem könnten Deuterium und Tritium zu Helium fusioniert werden und die Energiemenge, die hierbei frei wird, würde ausreichen, um 10 % der Lichtgeschwindigkeit zu erreichen (Tolan 2017, S. 122).

Gegenwärtig wird an der Studie des *Direct Fusion Drive* von Princeton Satellite Systems mit Unterstützung des Princeton Plasma Physics Laboratory gearbeitet. Zudem gibt es mehrere geförderte Studien, z. B. Nuclear Propulsion Through Direct Conversion of Fusion Energy[13] und Pulsed Fission-Fusion (PuFF) Propulsion System[14], im Rahmen des NASA Institute for Advanced Concepts Programs (NIAC).[15,16,17]

---

[13]https://www.nasa.gov/directorates/spacetech/niac/slough_nuclear_propulsion.html (23.08.2018).

[14]https://www.nasa.gov/content/pulsed-fission-fusion-puff-propulsion-system (23.08.2018).

[15]http://www.psatellite.com/direct-fusion-drive-technical-animation/ (23.08.2018).

[16]https://www.nasa.gov/content/funded-studies (23.08.2018).

[17]http://science.time.com/2013/09/11/going-to-mars-via-fusion-power-could-be/ (23.08.2018).

Aber die Fusionsenergie steht, wenn überhaupt, erst gegen Mitte des Jahrhunderts zur Verfügung. Aktuell wird in Südfrankreich gerade der ITER (International Thermonuclear Experimental Reactor) aufgebaut. Dieser Reaktor beruht auf dem Tokamak-Prinzip und soll die Stromerzeugung durch Kernfusion erforschen. Es ist das bisher größte internationale Forschungsvorhaben auf diesem Gebiet. ITER ist mit supraleitenden Magnetspulen ausgestattet, welche mit flüssigem Helium gekühlt werden und das ringförmige Vakuumgefäß umgeben. Sie erzeugen zusammen mit einem Stromfluss ein verdrilltes Magnetfeld, und dieses ist besonders wichtig, um das Plasma einzugrenzen. Denn durch verschiedene Heiztechniken wird das Deuterium-Tritium-Gas auf mehrere Millionen Grad Celsius erhitzt.

Bedauerlicherweise ist ITER bisher aber kein gutes Beispiel für die internationale Zusammenarbeit. Es gibt massive Kostensteigerungen und eine komplexe Bürokratie. Die Lage ist sogar so verzwickt, dass ein Auditbericht von 2014 große strukturelle Probleme bescheinigte.[18]

In Deutschland betreibt das Max Planck Institut für Plasmaphysik in Greifswald mit Wendelstein 7-X ebenfalls eine Anlage zur Erforschung der Kernfusion. Anders als bei ITER ist dieser nach dem Stellarator-Prinzip aufgebaut. Auch dieser besteht aus einem torusförmigen Ring, bei dem 50 stromdurchflossene supraleitende Spulen ein verdrehtes Magnetfeld erzeugen, aber anders als beim Tokamak-Prinzip fließt im Plasma selbst kein toriodaler Strom. Dies hat Vor- und Nachteile. Ein Vorteil wäre ein möglicher Dauerbetrieb, während ein Nachteil die notwendige komplexe Magnetfeldgeometrie ist, um das Plasma einzuschließen.

Der Aufbau der Anlage wurde 2014 abgeschlossen, und am 10. Dezember 2015 wurde das erste Plasma erzeugt. Allerdings wurde zunächst nur mit Heliumgas experimentiert, bevor ab Februar 2016 Wasserstoff zum Einsatz kam. Bei einer Testreihe von Juli bis Oktober 2018 wurden zudem Kacheln aus Grafit als Innenverkleidung verwendet und Temperaturen von 20 Mio. °C erzeugt. Dabei überstieg der Energiegehalt des Plasmas erstmalig ein Megajoule, und es wurden langlebige Plasmen von 100 s Dauer erzeugt. Zukünftig wird darüber hinaus Deuterium zum Einsatz kommen, und es werden Neutronen freigesetzt werden. Deshalb sind die Betonwände zur Halle mit 1,80 m besonders dick. Die Kosten für den Bau des Gebäudes, den Aufbau der Anlage und das Personal werden für den Zeitraum von 1997 bis 2014 mit 1,06 Mrd. € angegeben.[19,20]

[18]https://www.newyorker.com/news/daily-comment/how-to-fix-iter (24.08.2018).
[19]http://www.ipp.mpg.de/w7x (24.08.2018).
[20]https://www.ipp.mpg.de/4295022/op_1_2 (27.11.2018).

Einen bedeutenden Schritt vorwärts gab es außerdem im November 2018, als es in einem chinesischen Versuchsreaktor gelang, für 10 s ein Plasma auf 100 Mio. °C aufzuheizen. Die Anlage am Hefei Institutes of Physical Science der Chinesischen Akademie der Wissenschaften erreichte dies im Experimental Advanced Superconducting Tokamak (EAST). Eine so hohe Temperatur ist für die Kernfusion auf der Erde notwendig, da hier anders als auf der Sonne, das Plasma nicht durch die gewaltigen Gravitationskräfte im Inneren komprimiert und deswegen leichter fusioniert wird.[21]

Science-Fiction-Antriebe

Jetzt ist meine Lebenszeit begrenzt, und ich wollte schon immer das andere Ende der Galaxis sehen, deswegen muss es doch etwas geben, was mich schneller als mit 1–10 % der Lichtgeschwindigkeit reisen lässt?

Science-Fiction-Autoren haben sich schon länger mit dem Reisen mit Lichtgeschwindigkeit und darüber hinaus beschäftigt und sich dabei auch nicht von der Relativitätstheorie oder anderen physikalischen Gesetzen irritieren lassen. Verbuchen wir das unter künstlerische Freiheit. Doch das Bild des Universums, das theoretische Physiker in den letzten Jahren entworfen haben, geht weit über das hinaus, was sich Science-Fiction-Autoren bisher ausgedacht haben. Da gibt es stets überlichtschnelle Teilchen[22] mit einer imaginären Masse, „Tachyonen" genannt, welche sich rückwärts durch die Zeit bewegen und bei einigen Stringtheorien eine Rolle spielen (es gibt nicht die Stringtheorie, sondern mehrere verschiedene). Und Stringtheoretiker sind kreative Menschen, wenn sie eine zusätzliche Dimension brauchen, damit ihre Gleichungen aufgehen, schütteln sie sich buchstäblich eine aus dem Ärmel.

Dabei wird häufig auf eine „Exotische Materie" mit negativer Energie zurückgegriffen, und diese spielt bei vielen Theorien eine Rolle und könnte, sofern diese existiert, vieles möglich machen. Allerdings gibt es auch immer wieder wissenschaftliche Durchbrüche, die man nicht für möglich gehalten hat. So haben Wissenschaftler der University of Washington 2017 zum ersten Mal negative Masse erzeugt, indem sie Rubidium-Atome mithilfe von

---

[21]https://www.stern.de/digital/technik/heisser-als-die-sonne---china-reaktor-erreicht-durchbruch-in-der-kernfusion--8458138.html (24.11.2018).

[22]2011 dachte man am CERN überlichtschnelle Neutrinos entdeckt zu haben, was sich als Messfehler, u. a. aufgrund eines losen Glasfaserkabels, herausstellte.

Lasern auf wenige Bruchteile eines Grades über dem absoluten Nullpunkt von Minus 273,15 °C abkühlten, um ein Bose-Einstein-Kondensat zu erzeugen. Durch den Einsatz weiterer Laser wurde die Bewegung der Atome beeinflusst, um eine Spin-Bahn-Kopplung zu erreichen, und kurioserweise verhielten sich die Atome dann so, als hätten sie eine negative Masse.[23,24]

In *Babylon 5* und in der populären Videospielserie *Mass Effect* funktioniert das Reisen in andere Sonnensysteme durch ein Netzwerk, welches von einer alten außerirdischen Zivilisation gebaut wurde. Außerdem verfügen die Raumschiffe, wie in vielen Science-Fiction-Geschichten, über ein FTL-Antriebssystem (Faster Than Light), das mit „Element Zero" betrieben wird, welches die Masse eines Objektes manipulieren oder gar aufheben kann, sodass ein lichtschnelles Reisen ohne lästige Nebeneffekte wie das Ansteigen der Masse und die Zeitdilatation, je näher man der Lichtgeschwindigkeit kommt, möglich ist. Nun, auf beides sollten wir uns in der Realität nicht verlassen.

Dennoch haben Wissenschaftler sich auch über unkonventionelle Antriebe Gedanken gemacht, die zwar weit jenseits einer praktischen Umsetzung, aber dennoch physikalisch möglich sind. Einige dieser Ideen möchte ich ihnen vorstellen.

Antigravitation

Wenn wir die Gravitationskraft eines Tages besser verstehen, kommen wir vielleicht auch hinter das Geheimnis der Antigravitation. Die Idee, dass es eine Kraft oder ein Teilchen gibt, das die Gravitation aufhebt, ist nicht neu, doch betrachten die meisten Wissenschaftler diese Idee als pure Fiktion. Dennoch wurden in den vergangenen Jahrzehnten Experimente durchgeführt, welche den Weg für einen Antigravitationsantrieb ebnen könnten.

Die wissenschaftliche Community ist sehr vorsichtig, wenn ein Forscher behauptet, er habe bahnbrechende Erkenntnisse auf dem Gebiet der Antigravitation gefunden, und viele als Sensation angepriesene Entdeckungen entpuppten sich bei genauer Betrachtung als haltlos oder konnten auf Messfehler oder externe Störquellen zurückgeführt werden.

---

[23]http://www.spiegel.de/wissenschaft/technik/washington-forscher-erzeugen-negative-masse-a-1143681.html (23.08.2018).

[24]https://journals.aps.org/prl/abstract/10.1103/PhysRevLett.118.155301 (08.08.2018).

Ein Forscher, der bereits in den 1990er Jahren große Schlagzeilen auf diesem Gebiet geschrieben hat, ist der russische Chemiker und Materialwissenschaftler Dr. Eugene Podkletnov. Dieser forschte an der Technischen Universität von Tampere in Finnland und entdeckte eher durch Zufall bei Experimenten mit supraleitfähigen Materialien einen Effekt, den er selbst auf einen Antischwerkrafteffekt zurückführt.

Podkletnov behauptet, einen *„clearly measurable weak shielding effect against gravitational force"* gefunden zu haben und hat hierüber eine wissenschaftliche Ausarbeitung verfasst.[25]

Doch die Geschichte hierüber könnte aus einem schlechten Hollywoodfilm stammen, denn nachdem ein Artikel über Podkletnov vorab in der britischen *Sunday Telegraph* erschienen ist, war der Aufschrei in der wissenschaftlichen Gemeinde groß, und es wurde schnell von „Voodoo-Zauber" gesprochen und eine erste wissenschaftliche Ausarbeitung, die im „Journal of Physics D" erscheinen sollte, wurde von Podkletnov wieder zurückgezogen.

Und wahrscheinlich wäre nie wieder über das Experiment berichtet worden, wenn nicht die BBC in zwei Artikeln enthüllt hätte, dass verschiedene Rüstungs- und Luftfahrtfirmen auf der ganzen Welt eben an diesem Experiment arbeiten würden. Aber nicht nur Firmen wie BAE Systems und Boeing forschten an diesem Experiment, sondern auch die amerikanische Raumfahrtbehörde NASA.

Und dies war nach dem Aufschrei aus der wissenschaftlichen Community schon eine kleine Sensation, zumal das Marshall Spaceflight Center der NASA in Alabama hierfür das „Project Delta G" gründete und im Rahmen des bereits erwähnten Breakthrough Propulsion Programs daran forschte.

Doch gab es ein größeres Problem, und zwar eine supraleitende Scheibe herzustellen, die annähernd so groß wie die von Podkletnov war. Dieser brauchte nach eigener Aussage fast drei Jahre hierfür und ließ diese während seines Experiments immerhin mit 5000 Umdrehungen pro Minute rotieren. Allerdings ist es in den darauffolgenden Jahren sehr still um dieses Thema geworden und bisher scheint es niemanden gelungen zu sein, die Ergebnisse zu reproduzieren.

Weitere interessante Erkenntnisse lieferte Martin Tajmar, damals noch in Seibersdorf und heute Professor an der TU Dresden, im März 2006, indem er einen Niobring durch flüssiges Helium auf -269 Grad Celsius abgekühlte und auf 6500 Umdrehungen pro Minute beschleunigte. Hierbei soll es zu einer Verwirbelung der Raumzeit kommen. Zwar ist dieses Phänomen auch

[25]http://xxx.lanl.gov/PS_cache/cond-mat/pdf/9701/9701074v3.pdf (23.08.2018).

als Lense-Thirring-Effekt oder Gravitomagnetismus bekannt und wurde bereits von Albert Einstein vorausgesagt, doch nicht in der erreichten Größenordnung. Und dieses Mal gelang es auch nicht nur einmal, sondern bei mehreren hundert Testläufen, weswegen die Ergebnisse auf der Internetseite der europäischen Raumfahrtbehörde ESA vorgestellt werden.[26,27]

Womöglich sind Reisen in Raumschiffen mit einem Antigravitationsantrieb eines Tages vielleicht doch mehr als pure Fiktion, wenn es uns gelingt die Supraleitung und deren Auswirkungen auf die Raumzeit besser zu verstehen.

Alcubierre Warp Drive

Der Warp-Antrieb wurde durch die Science-Fiction-Serie Star Trek bekannt. Dem mexikanischen Physiker Miguel Alcubierre gelang es 1994 zu zeigen, dass dieser Antrieb nicht nur pure Fiktion ist, sondern einen durchaus ernsthaften wissenschaftlichen Hintergrund hat. Beim Warp-Antrieb wird eine künstliche Raumzeitblase um das Raumschiff erzeugt, in welcher der Raum an der Vorderseite gestaucht und auf der Rückseite gedehnt wird. Hierdurch ist die Reise zu einem entfernten Sonnensystem auch mit scheinbarer Überlichtgeschwindigkeit möglich, sprich der Quotient aus zurückgelegtem Weg und der dafür benötigten Zeit ist größer, als es mit Lichtgeschwindigkeit möglich wäre. Dies verstößt nicht gegen die allgemeine Relativitätstheorie, da nicht das Raumschiff selbst, sondern der Raum sich bewegt (Tolan 2017, S. 139–140).

Innerhalb der Blase verläuft die Zeit genauso wie außerhalb, weshalb das Zwillingsparadoxon keine Rolle spielen würde. Zudem müsste die Crew keine großen Beschleunigungskräfte aushalten.

Allerdings gibt es einen Haken. Denn laut Alcubierre funktioniert dies nur mithilfe der bereits erwähnten exotischen Materie, die im Gegensatz zu „normaler" Materie eine negative Energiedichte aufweist, allerdings wird der Begriff „exotische Materie" in der Teilchenphysik nicht einheitlich definiert. Deswegen gibt es unterschiedliche Erklärungsansätze. Materie mit negativer Energiedichte wurde 1948 vom niederländischen Physiker Hendrik Casimir vorausgesagt und 1956 durch sowjetische Forscher experimentell

---

[26]https://www.esa.int/Our_Activities/Preparing_for_the_Future/Discovery/Towards_a_new_test_of_general_relativity/(print) (23.08.2018).

[27]https://xxx.lanl.gov/abs/gr-qc/0207123 (03.09.2018).

bestätigt, weshalb in diesem Zusammenhang auch vom „Casimir-Effekt" die Rede ist. Zwischen zwei dicht beieinanderstehenden Platten im Vakuum tritt eine anziehende Kraft auf, die durch die geringere Energie im Vakuum entsteht. Denn das Vakuum des Alls ist nicht leer, sondern aufgrund von Quantenfluktuationen entstehen dort ständig neue Teilchen, die auch wieder vernichtet werden, sodass der Raum nur im Mittel leer ist (Tolan 2017, S. 141).[28]

Ein größeres Problem ist, dass bei einem Warp-Flug mehr Energie, als im gesamten Universum vorhanden ist, gebraucht werden würde. Im Jahr 1999 bewies allerdings Chris van den Brock von der Universität Leiden, dass der Energiebedarf drastisch sinken würde, wenn um die eigentliche Warp-Blase zwei weitere Blasen erzeugt werden würden. Allerdings würde man immer noch eine größere Energiemenge als die eines Sterns benötigen (Tolan 2017, S. 142).

Zudem gibt es noch weitere Schwierigkeiten. Denn der Ereignishorizont der Blase würde von dem Raumschiff im Inneren abgekoppelt sein, und das Raumschiff könnte keinerlei Signale senden und die Blase auch nicht beeinflussen.[29]

In Deutschland forscht Prof. Martin Tajmar an unkonventionellen Antrieben, und ich bat ihn um seine Einschätzung. Er sagte mir: *„Das ist eine theoretische Idee, die praktisch nicht umgesetzt werden kann."*[30]

Wurmlöcher

Wurmlöcher sind Abkürzungen im dreidimensionalen Raum. Dass sie möglich sind, wurde 1935 von Albert Einstein und Nathan Rosen zum ersten Mal berechnet, weshalb sie auch als Einstein-Rosen-Brücke bekannt sind. Der Begriff „Wurmloch" wurde 1957 allerdings von John Archibald Wheeler geprägt.

Wenn man auf einen aufgeblasenen Ballon zwei gegenüberliegende Punkte markiert, wäre die kürzeste Strecke für ein zweidimensionales Wesen ein Halbbogen auf dem Ballon. Ein dreidimensionales Wesen hingegen würde erkennen, dass es auch eine Gerade mitten durch den Ballon gibt,

---

[28]http://www.spiegel.de/wissenschaft/weltall/raumschiff-enterprise-warum-der-warp-antrieb-nicht-funktioniert-a-187667.html (15.08.2018).
[29]Interview mit Miguel Aclubierre am 05.07.2011.
[30]Persönliches Gespräch mit Martin Tajmar am 26.04.2017.

und wenn es den Raum manipulieren kann, indem es etwa die Luft aus dem Ballon herauslässt, könnte die tatsächlich geringste Strecke bis zum anderen Punkt gehen.

Und es ist diese Vorstellung, eine Reise von Milliarden Lichtjahren auf wenige Meter zu verkürzen, welche Wurmlöcher so interessant macht. Leider geht man davon aus, dass sie prinzipiell instabil sind. Allerdings könnten sie vielleicht stabilisiert werden, wenn ihre Ränder aus exotischer Materie mit negativer Energie bestehen würden. Ob man Wurmlöcher nutzen könnte, würde zudem davon abhängen, ob es einem gelingt, den Gezeitenkräften zu widerstehen (Tolan 2017, S. 164).

Bisher wurden im Labor allerdings nur magnetische Wurmlöcher kreiert, bei denen zwei magnetische Felder durch eine unsichtbare Brücke miteinander verbunden waren, wodurch ein Monopol erzeugt wurde. Ein gravitationelles Wurmloch, so klein es auch immer sein mag, das zwei verschiedene Punkte der Raumzeit miteinander verbindet, übersteigt aufgrund des gigantischen Energiebedarfes hingegen noch unsere Fähigkeiten.

Literatur

Kaku, M. (2009). *Die Physik des Unmöglichen – Beamer, Phaser, Zeitmaschinen.* Reinbek bei Hamburg: Rowolth.
Kaku, M. (2011). *Physics of the future.* New York: Doubleday.
Messerschmid, E., & Fasoulas, S. (2011). *Raumfahrtsysteme.* Heidelberg: Springer.
Tolan, M. (2017). *Die Star Trek Physik.* München: Piper.
von Braun, W., & Ley, W. (1958). *Die Eroberung des Weltraums.* Frankfurt a. M.: Fischer Bücherei.

7

Erste Schritte im Sonnensystem

*Wir sind nur eine etwas fortgeschrittene Brut von Affen
auf einem kleinen Planeten, der um einen höchst
durchschnittlichen Stern kreist.*
STEPHEN HAWKING (1942–2018)

Bisher wagten sich 27 Astronauten über den unmittelbaren Erdorbit hinaus und landeten auf dem Mond oder umkreisen ihn. Dies waren aber nur die ersten Schritte. Bereits im nächsten Jahrzehnt könnten Menschen in einer Mondbasis leben und auf dem Weg zum Mars sein.

Dabei wird sich das Errichten von Objekten im Weltraum oder auf einem der Körper unseres Sonnensystems von der irdischen Architektur unterscheiden, und das nicht nur in Bezug auf die verwendeten Baumaterialien, sondern auch auf die Art des Bauens. Während auf der Erde Wasser, Sauerstoff und Schwerkraft selbstverständlich sind, stellen diese drei Sachen bei einer Raumstation schon eine Herausforderung dar. Allerdings könnten in den kommenden Jahren durch eine der größten Sorgen von Elon Musk erheblich Fortschritte erzielt werden, der künstlichen Intelligenz. Diese könnte uns den Weg zeigen, wie wir wesentlich ressourcenschonender bauen und die Prozesse maximal optimieren können.

Bemannte Langzeitmissionen haben hohe Anforderungen an die Energieversorgung und würden zudem ein regeneratives Lebenserhaltungssystem benötigen. Doch um im Sonnensystem Fuß zu fassen, muss man ein aktuelles Problemfeld in den Griff kriegen, und zwar die Ausfälle der Reaktionsrädern (Reaction wheels) zur Lageregelung. Das Kepler-Weltraumteleskop konnte deshalb nicht mehr präzise ausgerichtet werden und mehrere Sonden

© Springer-Verlag GmbH Deutschland, ein Teil von Springer Nature 2019
S. Piper, *Space – Die Zukunft liegt im All,* https://doi.org/10.1007/978-3-662-59004-1_7

wurden hierdurch negativ beeinflusst. Ohne verlässliches Equipment bleibt die Eroberung des Alls nämlich ein Traum.

Internationale Weltraumorganisation

Wenn es eine internationale Weltraumorganisation geben würde, wären wir schon einen großen Schritt weiter. Bislang stehen dieser allerdings nationale Egoismen im Weg, weshalb jede große raumfahrtbetreibende Nation ihre eigene Agentur hat. Und nicht nur das, Europa hat nicht nur die europäische Raumfahrtbehörde ESA, sondern auch noch eine ganze Reihe kleinerer nationaler Organisationen, die penibel darauf achten, dass ihre ESA-Gelder in die Industrie ihrer Länder zurückfließen. Somit ist die Herkunft eines Zulieferers wichtiger als sein Know-how. Dies gilt in Europa leider auch bei der Personalauswahl, bei der Motivation und Kompetenz hinter anderen Kriterien zurückbleiben und Leadership-Fähigkeiten bei Führungspositionen etwas aus der Science Fiction zu sein scheinen, da diese in der Realität absolut keine Rolle spielen. Zudem gibt es häufig doppelte Strukturen wie z. B. die gleichen Triebwerksteststände in Frankreich (Vernon) und Deutschland (Lampoldshausen). Dies macht Raumfahrt in Europa teuer und man könnte die Gelder wesentlich effizienter einsetzen.

Hinzu kommen eine mangelnde Flexibilität, kuriose Exportkontrollvorschriften, Sicherheitsüberprüfungen, langwierige Genehmigungsverfahren, unterschiedliche Rechtsauffassungen, endlose Diskussionsrunden und ein gewaltiger bürokratischer Apparat, dessen Hauptzweck der Selbsterhalt zu sein scheint und der dazu geeignet ist, die Verantwortlichkeiten hin und her zu schieben. All diese Dinge machen internationale Kooperationen schwierig.

Besonders kurios ist die Situation aktuell aber in den USA. Bei der stationären NASA-Marssonde InSight wurden entscheidende wissenschaftliche Instrumente in Europa entwickelt. So stammt die Wärmeflusssonde HP3 (Heat Flow and Physical Properties Package)[1] vom DLR und das Seismometer Experiment SEIS besteht aus Komponenten mehrerer europäischer Forschungseinrichtungen.[2] Dies sorgte allerdings in den USA für eine Kontroverse und bei zukünftigen NASA Missionen des Discovery Programms dürfen nur noch 25 % der Instrumente aus anderen Ländern als den USA stammen.[3] Dies ist aber noch nicht alles. Auf Betreiben des US-Politikers

---

[1]https://www.dlr.de/dlr/desktopdefault.aspx/tabid-11038/1865_read-27097/ (27.11.2018).

[2]https://www.dlr.de/dlr/desktopdefault.aspx/tabid-11045/1880_read-27099/#/gallery/30451 (27.11.2018).

[3]http://www.faz.net/aktuell/wissen/weltraum/interview-mit-ulrich-christensen-zur-landung-der-insight-mission-auf-dem-mars-15899247-p2.html (27.11.2018).

Frank Wolf ist es der NASA verboten, mit China zusammenzuarbeiten, und dieses Verbot trieb schon seltsame Blüten, da chinesische Wissenschaftler von amerikanischen Forschungskongressen ausgeladen worden sind oder chinesische Journalisten nicht dem Start des Space Shuttles Endeavour (STS-134) beiwohnen durften. Dies stößt auch in den USA auf Widerstand. So ist Buzz Aldrin der Auffassung, dass China und Indien sich an der ISS beteiligen sollten, da die Risiken gering und der Nutzen der Zusammenarbeit groß seien (Aldrin 2013, S. 19).

Andererseits gibt es viele positive Beispiele für die internationale Zusammenarbeit. So kommen russische RD-180-Triebwerke bei der ersten Stufe der amerikanischen Atlas-V-Raketen zum Einsatz. Das europäische Ariane-Programm ist trotz aller Konzessionen bis heute erfolgreich – auch wenn man seit 2017 nicht mehr Marktführer bei kommerziellen Raketenstarts ist – und die russische Sojus-2-Rakete startete seit 2011 mehrfach aus Kourou in Französisch-Guayana. Zudem trainieren europäische Astronauten wie Matthias Maurer für den Einsatz auf einer zukünftigen chinesischen Raumstation, und natürlich ist die ISS ein hervorragendes Beispiel für die Zusammenarbeit.

Wenn jede Nation sich auf ihre eigenen Stärken konzentriert und diese in ein gemeinschaftliches Unternehmen einbringt, ohne dabei ständig Mittelwege einzugehen, profitieren alle davon. Wenn man zudem dem Beispiel amerikanischer Startups folgen würde, bei denen es nur so viel Bürokratie wie nötig und so wenig administrativer Aufwand wie möglich gibt, wenn man stattdessen zielorientiert und risikofreudig agieren würde, wäre eine internationale Raumfahrtorganisation ein echter Gewinn. Zudem würde eine solche Organisation ein gemeinsames Bewusstsein schaffen und für die Raumfahrt in die äußeren Teile unseres Sonnensystems wichtig sein, denn je weiter man sich von der Erde wegbewegt, desto unwirtschaftlicher wird es. Wenn diese Kosten auf mehrere Schultern aufgeteilt werden würden, wären die finanziellen Herausforderungen lösbar.

Interessanterweise haben die amerikanischen Experten, mit denen ich sprach, durchweg ihre Skepsis zum Ausdruck gebracht und lediglich die europäischen Experten halten die Gründung einer internationalen Weltraumorganisation für eine erstrebenswerte Idee.

Wobei auch die ESA in der Vergangenheit mitunter sehr risikofreudig agierte. Es ist bis heute ein Kuriosum, dass man beim Beagle-2-Lander an Bord der Mars-Express-Sonde im Jahr 2003 ausgerechnet auf die Bremsraketen und das Senden der Telemetriedaten beim Abstieg verzichtet hat. Man wollte dadurch Kosten sparen. Leider hat man von Beagle 2 nichts mehr gehört, und da man nach dem Abkoppeln keine Daten hatte, wusste man auch nicht, wo der Lander heruntergekommen ist. Erst im Jahr 2014 wurde dessen Schicksal geklärt, als die NASA-Sonde MRO seine Überreste entdeckte.

Ein schlechtes, da ärgerliches Beispiel für die internationale Zusammenarbeit war der Verlust des NASA Mars Climate Orbiter 1998, da anstatt des
metrischen Systems, wie es bei internationalen Projekten eigentlich üblich
ist, der Zulieferer Lockheed Martin bei der Navigationssoftware mit dem
imperialen System gerechnet hat und der Orbiter dem Planeten wesentlich
näher kam als geplant und die Sonde wohl durch die Reibung mit der Marsatmosphäre zerstört wurde.

Aber schlecht programmierte Software kommt in der Raumfahrt leider
öfter vor, als man denkt. Bei dem Erststart der Ariane-5-Rakete verwendete
man Teile der Software der Ariane 4, und diese brachte die Rakete wenige
Sekunden nach dem Start außer Kontrolle, weshalb die Rakete gesprengt
werden musste. Beim europäischen Schiaparelli-Marslander meldete im
Oktober 2016 die Software der *Inertial Measurement Unit* beim Landeanflug
auf den Roten Planeten fälschlicherweise, dass die Sonde bereits gelandet sei,
und der Bordcomputer trennte noch in der Luft hängend die Fallschirme ab.

Auch in Russland hatte man in letzter Zeit Probleme mit der Qualitäts-
sicherung, und so kam es zu fünf aufeinanderfolgenden Startfehlversuchen
mit der Proton-Raketenfamilie. So installierte man die Beschleunigungs-
messer einer Proton-M-Rakete falsch herum, obwohl sich diese nur in eine
Richtung leicht in die Anschlussplatte installieren lassen. In die andere
Richtung geht dies nur sehr schwer, da Befestigungsstifte dies eigentlich verhindern, aber getreu dem Motto „wenn man etwas mit Gewalt versucht und
es geht nicht, wendet man einfach nicht genügend Gewalt an" war dies mit
genügend Kraftaufwand dennoch möglich, weshalb die Rakete aufgrund der
falschen Sensordaten beim Start im Jahr 2013 außer Kontrolle geriet.

Aber vermeidbare Fehler passieren, und solange man eine Fehlerkultur hat
und aus diesen Fehlern lernt, ist man schon ein Schritt weiter.

Ein unverzeihlicher Fehler, da er die Besatzung in Gefahr brachte,
ereignete sich im Sommer 2018. Zunächst wurde gemeldet, dass ein Mikro-
meteorit ein kleines Loch an einer angedockten Kapsel auf der ISS verursacht
hat, wodurch es auf dieser zu einem leichten Druckabfall kam. Doch eine
nähere Untersuchung enthüllte, dass das 2 mm große Loch an der Sojus-MS-
09-Kapsel auf einen Produktionsfehler bei RKK Energija zurückzuführen war
und sogar einem Monteur aufgefallen war, welcher es nur notdürftig mit Kle-
ber verschlossen hat. Später wiederum wurde von russischen Offiziellen spekuliert, dass es kein Produktionsfehler, sondern ein Sabotageakt gewesen sei.[4]

---

[4]http://www.spiegel.de/wissenschaft/weltall/russlands-raumfahrt-leck-auf-iss-schlamperei-mit-
system-a-1226349.html (04.09.2018).

Infrastruktur im Weltraum

Es gibt zahlreiche Ideen, wie man den erdnahen Raum nutzbar machen könnte, und mit der ISS gibt es schon eine große Forschungs-Plattform, welche mindestens bis 2024 genutzt wird (Abb. 7.1). Sowohl für den Weltraumtourismus als auch bei der Energiegewinnung und der Industrialisierung des Alls wäre der Aufbau einer ersten Infrastruktur im All wichtig, um mehr Flexibilität bei der Missionsauswahl zu erhalten. Zudem scheint die Zeit für den Aufbau einer Servicekette im Orbit einfach reif zu sein.

Von großem Vorteil wären hier Treibstoffdepots im Erdorbit, denn dann könnte eine von der Erde gestartete Rakete wieder aufgetankt werden und mit Leichtigkeit weiter zum Mond fliegen. Von der BFR soll daher eine Tanker-Version entstehen, welche andere Raumschiffe im Orbit auftanken kann.

Dabei gibt es eine große Herausforderung, der man sich stellen muss – dem Weltraumschrott. Bei diesem Müll handelt es sich um die Überreste der Raumfahrtaktivitäten der letzten 60 Jahre, wobei durch Kollisionen immer mehr kleinerer Schrott entsteht. Man bezeichnet dies als Kessler-Syndrom. Wenn man dieses Problem in den nächsten Jahren nicht entschieden angeht, könnte der niedrigere Erdorbit (LEO) unbenutzbar bzw. Raumfahrt immer riskanter werden. Die ISS muss heute schon mehrfach im Jahr

Abb. 7.1   Astronauten während einer EVA an der ISS im Dezember 2006

Ausweichmanöver fliegen, um nicht getroffen zu werden. Andere Objekte wie das Space Shuttle[5], das Hubble-Weltraumteleskop und mehrere Satelliten wurden bereits getroffen, und man hatte Glück, das nichts Schlimmeres passiert ist.

Außerdem könnte die Wartung von Satelliten im Erdorbit deren Lebensdauer deutlich erhöhen und die Anzahl des Weltraumschrotts vermindern. Zwar gab es hierfür vielversprechende Ansätze wie das Projekt DEOS (Deutsche Orbitale Servicing Mission) des DLR, bei dem Service-Satelliten andere Satelliten im Orbit reparieren und auftanken bzw. ausgediente Satelliten auf eine niedrigere Umlaufbahn und damit gezielt zum Absturz bringen, doch aktuell läuft dieses Projekt auf Sparflamme.

Des Weiteren könnte der Zusammenbau eines Marsraumschiffs im Erdorbit ungeahnte Möglichkeiten eröffnen, aber der Mars ist nicht der einzige Körper unseres Sonnensystems, der sich für einen Besuch anbietet.

Laserkommunikation

Die Kommunikation im All stellte die Ingenieure seit jeher vor große Herausforderungen. Bereits bei der bemannten Mondlandung musste die NASA mit Astronauten an zwei verschiedenen Orten gleichzeitig Kontakt halten, auf der Mondoberfläche und dem Mondorbit, und zudem Fernsehsignale und Telemetriedaten empfangen. Man entwickelte hierfür das S-Band (2–4 GHz). Seitdem aber Sonden immer weiter in unser Sonnensystem vorgedrungen sind, musste die NASA das Deep Space Network (Abb. 7.2) aufbauen, bestehend aus drei 70-m-Antennen in Kalifornien, Spanien und Australien.

Für den Datentransfer mit aktuellen Sonden wäre das S-Band viel zu langsam, weshalb heute im Ka-Band (26,5–40 GHz) kommuniziert wird. Es ist dabei die Übertragung von GBit/s möglich, wie es beim Wideband Global SATCOM bereits praktiziert wird. Es ist aber schon jetzt absehbar, dass in Zukunft noch größere Datentransfers gebraucht werden.

Deswegen wird es zukünftig für den Datentransfer von Satelliten zu Bodenstationen eine Laserkommunikation geben, zumal Frequenzen und Datenvolumen kostbar sind. Erste Tests auf der Erde haben bereits stattgefunden. Den Forschern des DLRs gelang es im November 2016 Daten mit 1,72 Terabit pro Sekunde über eine Strecke von 10,45 km zu übertragen

---

[5]https://www.newscientist.com/article/dn10235-debris-strike-left-hole-in-shuttle-atlantis/ (24.08.2018).

Abb. 7.2 70-m-Antenne der NASA des Goldstone-Komplexes in Kalifornien

und somit einen Weltrekord in der Datenübertragung per Laser aufzustellen. Dies könnte in nicht allzu ferner Zukunft zu einem Hochgeschwindigkeitsinternet selbst in entlegenen Regionen auf der Erde führen.[6]

Außerdem könnte es die Kommunikation von Satellit zu Satellit revolutionieren. Auch hier haben erste Tests bereits stattgefunden, als der amerikanische Militärsatellit Near Field Infrared Experiment (NFIRE) mit dem deutschen Satelliten TerraSAR-X über eine optische Verbindung für 10 s kommunizierte und dabei 5,5 GBit/s an Daten übertrug. Im Jahr 2014 kommunizierten zudem der Satellit Sentinel-1 A und Alphasat über ein Lasersignal.[7]

---

[6]https://www.dlr.de/dlr/desktopdefault.aspx/tabid-10261/371_read-19914#/gallery/24874 (03.09.2018).

[7]http://www.esa.int/ger/ESA_in_your_country/Germany/Laserkommunikation_ermoeglicht_schnellere_Datenuebertragung_als_je_zuvor (03.09.2018).

Energiegewinnung im All

Die Energiegewinnung im All findet schon heute statt, denn Satelliten und die ISS haben Solarpaneele, welche die Energie der Sonne nutzen. Im Englischen bezeichnet man die Idee der Gewinnung von Solarenergie im All als Space-based solar power (SBSP).

Zukünftig könnten Satelliten die Strahlung der Sonne absorbieren und diese Energie als Mikrowellen- oder Laserstrahlung zur Erde weiterleiten, und anders als bei einer Raumstation in einem niedrigen Erdorbit, die bei jedem Umlauf um die Erde zwangsläufig in den Erdschatten eintritt, hätte ein Satellit, der weit genug von der Erde entfernt ist, diese Probleme nicht und hätte permanent Sonnenlicht. Ohne Tag-Nacht-Wechsel, ohne Wolken am Himmel und ohne Atmosphäre, welche das Licht streut, könnte somit ein Vielfaches an Sonnenlicht in elektrische Energie umgewandelt werden. Bisher ist der größte Stolperstein hierfür die Startkosten der Satelliten.

Zuerst erwähnt wurde ein solches Konzept in Isaac Asimovs Kurzgeschichte „Reason" 1941 in *Astounding Science Fiction,* und 1968 wurde diese Idee von Peter Glaser, dem Präsidenten der International Solar Energy Society, aufgegriffen. Im Jahr 1979 beschäftigte sich zudem die NASA mit dem Projekt, doch sie kalkulierte die Kosten auf mehrere Hundert Mrd. Dollar, weshalb das Projekt zunächst nicht weiterverfolgt wurde. Erst am 15. September 2012 wurde die Konzeptstudie für SPS-ALPHA (Solar Power Satellite via Arbitrarily Large Phased Array) veröffentlicht, einer Anlage, welche zu NASA's Innovative Advanced Concepts (NIAC)-Programm gehört und bis zu 1000 MW Strom liefern könnte.[8]

Aktuell arbeitet Ali Hajimiri vom California Institute of Technology (Caltech) an dieser Idee. Dieser plant wartungsfreie, quadratkilometergroße Solaranlagen im All. Zunächst geht es allerdings um die Entwicklung von effizienteren Solarzellen und der Möglichkeit, diese mit hohem Wirkungsgrad in Mikrowellen umzuwandeln. Diese sollen dann gebündelt zu Antennen auf der Erde gesandt und in elektrische Energie umgewandelt werden. Bis 2030 soll die Anlage fertig sein.[9]

---

[8]https://www.nasa.gov/sites/default/files/atoms/files/niac_2011_phasei_mankins_spsalpha_tagged.pdf (23.08.2018).
[9]https://www.welt.de/wissenschaft/article155375567/Ein-Solarkraftwerk-in-36–000-Kilometern-Hoehe.html (23.08.2018).

Beeinflussung des Klimas aus dem All (Climate Engineering)

Der Erste, der sich detaillierte Gedanken über eine möglich Beeinflussung des Klimas aus dem All machte, war Hermann Oberth. Er entwickelte die Idee eines Weltraumspiegels und schrieb darüber in seinen Büchern „Menschen im Weltraum" (1954) und der „Der Weltraumspiegel" (1978).

Oberth wollte einen riesigen Spiegel in Erdnähe aufbauen, der das einfallende Sonnenlicht bündelt und dies punktgenau auf der Erdoberfläche fokussiert. So sollten Schifffahrtswege eisfrei gehalten und *„Wetterstürze und Kälterückschläge"* verhindert werden, um die Obst-, Gemüse- und Weinernten zu verbessern. Aber nicht nur das, Oberth wollte den Weltraumspiegel auch dazu einsetzen, die Wege von Hoch- und Tiefdruckgebieten zu beeinflussen, um es an bestimmten Orten regnen zu lassen (Oberth 1957, S. 135).

Ferner erkannte Oberth den militärischen Nutzen eines solchen Spiegels und wollte mit dem fokussierten Sonnenlicht Munitionsfabriken und -lager in die Luft sprengen sowie *„marschierende und fahrende Truppen schmoren"* (Oberth 1957, S. 136).

Heute denken aufgrund des Klimawandels immer mehr Wissenschaftler darüber nach, diesen zu verlangsamen. Diese Bemühungen werden unter dem Begriff *Geoengineering* zusammengefasst. Doch ist hierbei größte Vorsicht geboten, wie das Beispiel des Aralsees verdeutlicht, bei dem es um eine der größten von Menschen verursachten Umweltkatastrophen geht.

Industrialisierung des Alls

Um wirtschaftlich auf Dauer Raumfahrt betreiben zu können, muss der erdnahe Weltraum industrialisiert werden. Ohne die Schwerkraft sind in der Werkstofftechnik, bei den Fertigungsverfahren oder in der Logistik ganz neue Möglichkeiten gegeben. Den größten Nutzen würde es aber wahrscheinlich bei Optiken und der Elektronik, z. B. für Solarzellen, geben, da Kristalle sich gut in der Mikrogravitation formen lassen. Außerdem könnte selbst ein Astronaut leicht schwere Objekte in Bewegung versetzen, und sei es nur, indem er sich von ihnen abstößt.

Aber das Trägheitsmoment könnte auch für eine böse Überraschung sorgen, nämlich dann, wenn ein freischwebender Astronaut versucht, mit einem elektrischen Schraubenzieher eine festsitzende Schraube an einem schweren Objekt wie einem Weltraumteleskop zu lösen. Sobald sich nämlich der an die Schraube gepresste Schraubenzieher dreht, würde sich der Astronaut mitdrehen.

Aber trotz aller Herausforderungen sind die wirtschaftlichen Entwicklungsmöglichkeiten riesig. Dabei könnten auch supraleitende Materialien zum Einsatz kommen, deren Einsatz auf der Erde aber begrenzt ist, da diese auf eine Temperatur von weit unter − 200 Grad gekühlt werden müssen – was sehr energieintensiv und wartungsaufwendig ist. Im Weltall hingegen brauchen diese nicht so stark gekühlt werden, weil es dort auch so kalt genug ist. Gleichstrom könnte in supraleitenden Spulen so lange wie nötig kreisen, ohne dabei an Energie zu verlieren, was ein idealer Energiespeicher wäre, und wie bei jedem stromdurchflossenen Leiter würde ein Magnetfeldfeld entstehen.

Dank des Magnetismus wären flexible Einsatzzwecke, ausgeklügelte Logistikprozesse und innovative Produktionsketten möglich, weshalb Jeff Bezos der Meinung ist, dass in wenigen Jahrhunderten die gesamte Schwerindustrie von der Erde in den Weltraum verlagert werden wird.

Allerdings ist es unrealistisch, dass in diesen Fabriken im All Menschen in Raumzügen arbeiten. Viel wahrscheinlicher sind automatisierte Fabriken. Bereits auf der ISS wurden Roboter, wie der mit menschenähnlichen Händen ausgerüstete *Robonaut,* zur Unterstützung eingesetzt. Bei der Industrialisierung des Alls werden autonom agierende Roboter eine größere Rolle spielen. Sie könnten nicht nur schwere Aufgaben übernehmen, sondern die Strahlung und die Kälte des Alls würde ihnen sehr viel weniger ausmachen als Menschen.

Zudem könnten elektromagnetische Levitatoren (EML) zum Einsatz kommen. Diese können, dank elektromagnetischer Felder, Metalle im Schwebezustand schmelzen und erstarren lassen. Auf diese Weise würde vermieden werden, dass flüssiges Metall die Wand eines Schmelztiegels berührt und mit ihr interagiert, was den Produktionsprozess verfälschen kann. An Bord der ISS befindet sich im Columbus-Modul bereits ein Prototyp dieser Technologie im Einsatz.[10]

Um Material im All zu transportieren, könnte man auf eine Technologie zurückgreifen, die vor allem aus Star Trek bekannt ist, den Traktorstrahl. Zwar ist es aktuell jenseits unserer technischen Möglichkeiten, große und schwere Objekte zu bewegen, aber dies gilt nicht dafür, kleinere Proben einzusammeln. Die Ersten, die auf diesem Gebiet einen Durchbruch erzielten,

---

[10]http://www.esa.int/ger/ESA_in_your_country/Germany/Projekt_EML_Schwebende_Metalle_im_Speziallabor (07.09.2018).

waren im Jahr 2010 ein Team unter Leitung von Professor Andrei Rode von der Australian National University, welchem es gelang, kleine Partikel 1,5 m durch die Luft zu bewegen. Ein Jahr später wurden Wissenschaftler der NASA damit beauftragt, verschiedene Konzepte zu entwickeln, wie man planetarische oder atmosphärische Partikel aus der Entfernung einfangen und zu einem Raumfahrzeug via Laser liefern könnte, um sie dort eingehender zu untersuchen. In den letzten Jahren kam es auf diesem Gebiet vermehrt zu interessanten Ergebnissen, die unter anderem in *Nature* veröffentlicht wurden. Nicht fürs Weltall geeignet, aber dennoch interessant war zudem die Entwicklung eines akustischen Traktorstrahls mittels Schallwellen durch die University of Bristol. Dieser kann zwar bisher nur kleine Objekte wie Styroporkugeln schweben lassen, doch könnte dies der Medizin zugutekommen, und eines Tages könnten durch diese Technologie auch größere Objekte bewegt werden.[11,12,13]

Permanente Weltraumstationen

Eine spannende Idee ist auch die Errichtung von dauerhaften Weltraumstationen. Wie können wir uns diese vorstellen und wie würde sich diese von unseren bisherigen Raumstationen unterscheiden? Anders als die MIR oder die ISS würde diese wahrscheinlich nicht in einem Erdorbit errichtet werden, sondern an einem der Lagrange-Punkte, wo sich die Gravitationskräfte der Erde und Sonne gegenseitig aufheben. Zwar würde diese Station so weit draußen, anders als die ISS, welche 400 km über unseren Köpfen und damit innerhalb der Thermosphäre kreist, nicht mehr von dem Erdmagnetfeld geschützt sein, aber dies hätte den Vorteil, dass Gasmoleküle aus der Erdatmosphäre diese nicht abbremsen würden.

Zunächst allerdings soll im kommenden Jahrzehnt das Lunar Orbital Platform-Gateway (LOP-G) gebaut werden, welches an einem Lagrange-Punkt zwischen Erde und Mond positioniert werden soll. Nach anderen Überlegungen soll diese Raumstation den Mond umkreisen. Neben der NASA werden die gleichen Partner wie bei der ISS am Projekt beteiligt sein. Allerdings ist es gegenwärtig unwahrscheinlich, dass diese Station permanent bemannt sein wird, dennoch könnte sie nicht nur für Monderkundungen

---

[11]https://www.nasa.gov/topics/technology/features/tractor-beam.html (09.09.2018).
[12]http://www.nature.com/articles/nphoton.2014.242 (09.09.2018).
[13]https://phys.org/news/2018–01-world-powerful-acoustic-tractor-pave.html (10.09.2018).

nützlich sein, sondern auch als Sprungbrett zum Roten Planeten oder einem Asteroiden dienen.

Eine permanente Weltraumstation könnte entweder rad- (Abb. 7.3) oder aber zylinderförmig sein, einfach aus dem Grund, da man so durch Rotation künstliche Schwerkraft erzeugen könnte, um die negativen Effekte der Schwerelosigkeit auszugleichen.

Zudem wären riesige Panoramafenster wünschenswert, nicht umsonst ist die Cupola der ISS (Abb. 7.4) mit seinen sieben Fenstern bei den Besatzungen besonders beliebt, doch gibt es da ein Gewichtsproblem. Damit eine Glasscheibe auch vor Mikrometeoriten schützt, muss diese sehr dick sein. Alternativen wären ein durchsichtiges Metall wie transparentes Aluminium oder aber eine Außenkamera, die ihr Bild auf eine große Leinwand im Inneren projiziert. Dabei ist die Entwicklung von transparentem Aluminium nicht nur eine beliebte Filmszene aus Star Trek IV, sondern das US Naval Research Laboratory (NRL) kommt mit seinem aus Magnesiumaluminat bestehenden *Spinel* diesem schon recht nahe. Des Weiteren könnten Laserkanonen zur Abwehr von kleineren Meteoriten zum Einsatz kommen oder extrem starke Magnetfelder diese ablenken. Falls dennoch etwas schiefgeht, muss es redundante Systeme (USA) oder ein technologisch anderes Ersatzsystem (Russland) geben.

Die erste Idee einer künstlichen Weltraumstation hatte der amerikanische Autor Edward Everett Hale (1822–1909) in der 1869 erschienen Kurzgeschichte „The Brick Moon" (der Backsteinmond), welche zur Kommunikation und Navigation eingesetzt werden sollte. Später war es Wernher von Braun, der die öffentliche Aufmerksamkeit auf das *Von Braun's Wheel* im Jahr 1952 lenkte. Diese Idee einer kreisrunden Raumstation wurde bisher allerdings nur fiktional, nämlich in Stanley Kubricks Film 2001: Odyssee im Weltraum umgesetzt.

Die NASA beschäftigte sich ebenfalls im Jahr 1975 mit dieser Idee und entwickelte den *Stanford torus* für 10.000–140.000 Menschen mit einem Durchmesser von 1,8 km. Dieser sollte einmal pro Minute rotieren, um so am äußeren Rand der Station eine künstliche Schwerkraft von 0,9–1 g zu erzeugen. Außerdem war angedacht, dass das zentrale Hub als Ladebucht dient, da hier die niedrigste künstliche Schwerkraft vorherrschen würde und an dieser auch nicht rotierende Module mit Nullgravitation angeschlossen werden könnten, um in dieser Umgebung *zero-gravity industry* betreiben zu können. Ferner gab es bei den Plänen für dieser Station die besondere Idee, ihr Inneres mit Spiegeln auszukleiden, um so das Sonnenlicht einzufangen und stationsweit zu verteilen. Dies wäre für die angedachte Landwirtschaft auf der Station sehr vorteilhaft.

Abb. 7.3 Querschnitt einer radförmigen Raumstation

Abb. 7.4 Cupola der ISS

Auch der Physiker und Futurist Gerard K. O'Neill beschäftigte sich in seinem Buch „The High Frontier: Human Colonies in Space" aus dem Jahr 1976 ernsthaft mit dem Thema und beschrieb 32 km lange und 8 km breite zylinderförmige Raumstationen. Auf diesen sogenannten *O'Neill cylindern* könnten Millionen von Menschen leben, und es würden erdähnliche Bedingungen herrschen. Da der Transport von Baumaterial für eine solche gewaltige Raumstation von der Erde zu teuer wäre, schlug O'Neill vor, Baumaterialen vom Mond oder Asteroiden zu transportieren, und dabei könnten die bereits erwähnten Mass Driver zum Einsatz kommen.

Aber O'Neill ging natürlich von den technischen Möglichkeiten seiner Zeit aus. Deswegen griff die NASA im Jahr 2000 diese Idee auf und verfeinerte sie nach dem aktuellen Stand der Technik. Herausgekommen ist der *McKendree cylinder*, benannt nach dem NASA-Ingenieur Tom McKendree. Anstatt Stahl würde man Kohlenstoffnanoröhrchen als Baumaterial verwenden und könnte somit wesentlich größere und längere Zylinder ermöglichen.

Dabei gäbe es für eine permanente Raumstation aber noch weitere Herausforderungen, und die größte wäre das Lebenserhaltungssystem, insbesondere für eine größere Anzahl an Menschen. Technische Lebenserhaltungssysteme basieren auf physikalisch-chemischen Prozessen und kamen bei allen Raumstationen im erdnahen Raum zum Einsatz. Doch eine dauerhafte Weltraumstation bräuchte ebenso wie Langzeitmissionen zum Mond oder Mars ein regeneratives biologisches Lebenserhaltungssystem. Diese werden als Bioregenerative life support systems (BLSS) bezeichnet.

Das heißt, der Sauerstoff müsste mittels Pflanzen über Fotosynthese erzeugt werden, während die Pflanzen wiederum das ausgeatmete CO_2 für ihr Wachstum benötigen. Der erste, der diese Idee hatte, war 1951 der Biologe Dr. J. Meyers. Er schlug im *Annual Review of Microbiology* die Verwendung der Chlorella-Alge zur Produktion von Sauerstoff an Bord vor. Die Reinigung der Luft könnte, alternativ zu Aktivkohlekartuschen bzw. Lithiumhydroxid-Kartuschen, zudem über Biofilter oder Mikroorganismen geschehen, und Nahrungsmittel müssten vor Ort produziert werden. Denn insbesondere das Essen ist eine besondere Herausforderung im All. Salz und Pfeffer in Pulverform verbieten sich genauso wie Zucker, da diese in der Schwerelosigkeit leicht die Filter verstopfen oder in die Augen der Astronauten kommen könnten. Darüber hinaus müssten sowohl der Druck als auch die Thermalkontrolle geregelt werden. Ferner geht es nicht ohne Wasser. Dies kann aus der Luftfeuchtigkeit und den Ausscheidungen der Besatzung gewonnen werden (Ley und Hallman 2007, S.415–418).

Bei Shenzou 8 wurde ein solches geschlossenes Lebenserhaltungssystem getestet. Dieses hatte die Größe einer Zigarettenschachtel und wurde in Kooperation von deutschen und chinesischen Wissenschaftlern entwickelt.

Abb. 7.5 Die Erdatmosphäre mit dem Mond im Hintergrund. Aufgenommen von der 24. Crew der ISS

Hierbei kamen tierischen Organismen (Schnecken) und Mikroalgen (Augentierchen) zum Einsatz, welche von Sensoren überwacht wurden.[14]

Mondstation

Die Idee, einen Außenposten auf dem Mond (Abb. 7.5) zu errichten, kam im Laufe der Jahrzehnte, seitdem wir Raumfahrt betreiben, immer mal wieder auf. So schrieb bereits 1954 Arthur C. Clarke hierüber und spekulierte bereits über Mondiglos, welche zum Schutz vor der Strahlung mit Mondstaub bedeckt sein sollten. Doch sollte es bis zum Jahr 1992 dauern, bis die NASA ihre detaillierte Studie First Lunar Outpost (FLO) der Öffentlichkeit vorstellte.[15]

Dabei bekam kein anderer Körper unseres Sonnensystems so früh Besuch von der Erde, denn es war die sowjetische Mondsonde Lunik 2, die im Jahr 1959 das erste künstliche Objekt auf einem anderen Himmelskörper wurde, allerdings handelte es sich um eine Aufschlagssonde, welche fünf

---

[14]https://www.dlr.de/rd/desktopdefault.aspx/tabid-7633/12943_read-32577/ (10.9.2018).
[15]http://space.nss.org/lunar-base-studies-1992-first-lunar-outpost-flo/ (10.09.2018).

verschiedene Instrumente an Bord hatte und die während der Annäherung u. a. die Stärke des Mondmagnetfeldes maß.

Zuletzt landeten die chinesischen Sonden Chang'e 3, samt Rover Yutu, im Dezember 2013 sowie Chang'e 4 im Januar 2019 auf dem Erdtrabanten. Dabei wurde entdeckt, dass deren Landstellen auf dem Mond überraschend viele unterschiedliche Gesteinsschichten aufweisten und dass diese sich von den Apollo-Landestellen unterscheiden. Demnach könnte die geologische Geschichte des Mondes komplexer und vielseitiger gewesen sein als bislang vermutet.[16]

Eine spannende Frage war, ob es auf dem Mond Wasser gibt. Zunächst wurde 1998 von der Sonde Lunar Prospector Wasserstoff an den Polen entdeckt, was ein erstes Indiz für das Vorhandensein von Wassereis war. Zudem wurde spekuliert, dass es in den tiefen Kratern, bei denen kein Sonnenstrahl den Boden erreicht, sogar größere Mengen davon geben könnte.

Die erste Sonde, welche Wassermoleküle auf der Mondoberfläche fand, war die indische Sonde Chandrayaan-1 im Jahr 2008, auch wenn bei dieser Sonde, aufgrund technischer Probleme, der Kontakt vorzeitig abriss und erst das JPL der NASA die Sonde 2017, dank eines mächtigen Mikrowellenstrahls, wiederentdeckte.[17] Im Jahr 2009 bestätigte die amerikanische Sonde Lunar Reconnaissance Orbiter (LRO) diese Entdeckung. Zudem hat die Sonde LRO den Mond hochauflösend kartografiert. Die zuvor besten Karten hatten 1994 der Clementine Orbiter und vier Jahre später die Sonde Lunar Prospector geliefert.

Um die Existenz von Wasser auf dem Mond definitiv zu bestätigen, wurde der Lunar Crater Observation and Sensing Satellite (LCROSS) 2009 zum Mond gesandt. Neben hochauflösenden Kameras besaß die Sonde auch ein Infrarotspektrometer. Um genug Mondstaub aufzuwirbeln, wurde die 2 t schwere Oberstufe der Atlas-V-Rakete mit etwa 9000 km/h auf Kollisionskurs mit dem Mondkrater Cabeus geschickt. Die dabei auftretende Staubwolke wurde dann aus nächster Nähe analysiert, auch wenn dies bedeutete, dass die LCROSS-Sonde wenige Minuten nach der Oberstufe ebenfalls auf die Mondoberfläche aufschlug. Zudem haben das Hubble-Weltraumteleskop und erdgebundene Observatorien, wie das 5-Meter-Teleskop auf dem Mount Palomar, dieses Ereignis beobachtet. Doch die optische Ausbeute blieb mager, allerdings konnte im Infrarotbereich und durch das UV-Spektrometer (LAMP) die Auswurfwolke sichtbar gemacht werden. Die

---

[16]https://www.spektrum.de/news/der-mond-ist-eine-schichttorte/1337245 (03.05.2018).
[17]https://www.jpl.nasa.gov/news/news.php?feature=6769 (28.04.2018).

entdeckte Menge an Hydroxyl lässt aber den Schluss zu, das Eis in Mondkratern vorhanden ist. Und nicht nur das, es gibt weit größere Mengen an Eis auf dem Erdtrabanten als gedacht. Dieses Eis kann als Raketentreibstoff (durch Extraktion des Wasserstoffs), zum Atmen (durch Extraktion des Sauerstoffs), zum Schutz (da Wasser Strahlung absorbiert) und natürlich zum Trinken benutzt werden.[18]

Das Design der Mondstation wird stark von dem Frachtvolumen der Trägerrakete beeinflusst. Möglicherweise wird diese aufblasbare Elemente enthalten, einer der Ersten, der hierüber nachdachte, war Kriss Kennedy auf der Space '92-Konferenz, oder gar aus gebrauchten Treibstofftanks bestehen. Je mehr man wiederverwenden und je mehr man auf lunare Rohstoffe zurückgreifen kann und je weniger Material zusätzlich von der Erde zum Mond gebracht werden muss, umso wirtschaftlicher wäre der Aufbau einer Mondstation.

Auf dem Mond gibt es nur ein Sechstel der Erdgravitation, und wir wissen bislang nicht, wie sich dies über längere Zeit auf den menschlichen Organismus auswirkt. Dank dieser geringen Gravitation wäre es aber wesentlich einfacher, eine Rakete von der Mondoberfläche starten zu lassen. So könnte eine Mondbasis als Sprungbrett zum Mars oder zur Erschließung des Asteroidengürtels dienen.

Der Mond ist nur 385.000 km von der Erde entfernt, und somit würde es nur eine geringe Verzögerung zwischen der Kommunikation mit der Erde geben. Aber ein erkrankter Astronaut kann von der ISS relativ schnell evakuiert werden, von der Mondoberfläche hingegen dauert dies mindestens 2–3 Tage. Deswegen werden von Spezialisten ferngesteuerte Operationsroboter zum Einsatz kommen und die gesamte medizinische Einrichtung wäre eine Herausforderung, da Medikamentenlieferungen im Voraus geplant werden müssten.

Die NASA und andere Organisationen haben schon mehrfach Mond- oder Marsstationen auf der Erde simuliert. Und dies an den unwirtlichsten Orten der Erde, wie der abgeschiedenen Insel Devon Island im nördlichen Kanada.[19]

Beim Apollo-Programm fanden die Mondlandungen in der Nähe des Mondäquators statt, da dieser leichter mit Raketen erreichbar war, doch für eine permanente Mondbasis würden sich eher die Pole des Mondes

---

[18]https://www.nasa.gov/mission_pages/LCROSS/main/prelim_water_results.html (04.09.2018).

[19]https://www.nasa.gov/exploration/humanresearch/analogs/research_info_analog-haughton.html (08.08.2018).

anbieten. Tag- und Nachtwechsel sind auf dem Mond nicht einheitlich, sondern es hängt davon ab, wo man sich gerade befindet. Am Südpol des Mondes gibt es eine permanente Sonneneinstrahlung und hier aufgestellte Solarpaneele könnten eine Mondbasis mit Energie versorgen, während es am Mondäquator nur rund alle 14 Tage einen Tag-Nacht-Wechsel gibt. Für die Astronauten bedeutet dies, dass es einen künstlichen 24-Stunden-Rhythmus geben müsste, damit sie nicht unter einem Jetlag leiden.

Dadurch gibt es auf dem Mond eine Besonderheit, denn hierdurch entstehen gewaltige Temperaturunterschiede an unterschiedlichen Stellen des Mondes, und diese führen sogar zu Mondbeben. Anders als auf der Erde dauern diese nicht Sekunden, sondern mehrere Minuten. Die gesamte Ausrüstung und die Mondstation müssten deshalb eine verstärkte Struktur haben und ebenfalls große Temperaturunterschiede aushalten.

Sauerstoffhaltiges Gestein ist ein weiterer Faktor, da Sauerstoff nicht nur zum Atmen, sondern auch als Raketentreibstoff benötigt wird. Hubble suchte mit seinen UV-Kameras nach Ilmenit, welches aus Sauerstoff, Eisen und Titan besteht. Ilmenit kann unter großer Hitze und der Zuführung von Wasserstoff zur Produktion von Wasser benutzt werden. Mittels *ROxygen* System könnte der Sauerstoff aus dem Mondboden extrahiert werden.[20]

Eine große Herausforderung ist der Anbau von Nahrung. Autonome Gewächshäuser, die ferngesteuert werden, wurden schon erprobt. Die Pflanzen wuchsen dabei nicht in der Erde, sondern in einer speziellen Nährstofflösung, einer Art Hydrokultur. Der Anbau von Pflanzen hat zudem eine positive Wirkung auf die Psyche der Astronauten und reduziert Stress. Psychologen glauben ferner, dass dadurch die Gefahr von Depressionen stark vermindert wird. Außerdem würden Pflanzen CO_2 binden und Sauerstoff produzieren. Erste Versuche dazu gab es schon auf der ISS. Zudem gehen Vitamine bei der Lagerung in Tablettenform verloren, und diese Gefahr würde durch nachwachsende Pflanzen gebannt werden. Vielleicht werden die Astronauten aber auch Haustiere haben. Auf russischen Atom-U-Booten ist dies heute schon möglich.

Ähnlich wie auf der ISS würde man sich auf dem Mond innerhalb weniger Minuten einen Sonnenbrand holen, aber anders als auf der ISS, die noch durch das Erdmagnetfeld gegen Weltraumstrahlung geschützt wird, gibt es diesen natürlichen Schutz auf dem Mond nicht. Ohne ein schützendes Magnetfeld stellen Sonneneruptionen für Astronauten auf der Oberfläche eine ernsthafte Gefahr dar, denn diese würden direkt getroffen werden.

---

[20]https://www.nasa.gov/exploration/analogs/hawaii_analog_2008.html (07.08.2018).

Bei den Apollo-Astronauten war dies wegen der Kürze der Einsätze auf der Mondoberfläche kein großes Problem, zumal die Sonne während der Missionen aufmerksam beobachtet wurde. Doch Astronauten, die permanent auf dem Mond leben und dort arbeiten, müssen dagegen geschützt werden. Zudem würden Schwerionen Sekundärstrahlung produzieren. Auch die Nahrungsmittel in den Gewächshäusern wären hiervon betroffen, und je schneller sich ein Zellsystem teilt, desto empfindlicher ist es gegenüber der Strahlung. Für starke Sonneneruptionen müsste es also einen Schutzraum geben, oder künstliche Magnetfelder müssten die Station großflächig vor der schädlichen Strahlung schützen.

Ein weiteres Problem für eine Mondbasis wären Mikrometeoriten. Ohne Atmosphäre werden diese nicht abgebremst und schlagen mit sehr hohen Geschwindigkeiten auf. Für das Shuttleprogramm wurde eine Außenhaut aus Aramitfasern als Schutz gegen Mikrometeoriten entwickelt, aber um einem langfristigen Bombardement standzuhalten, muss man sich etwas einfallen lassen.

Ein Vorteil könnte deswegen eine unterirdische Mondbasis sein, diese würde einen natürlichen Schutz gegen die kosmische Strahlung, Mikrometeoriten und Solarflares bieten. Durch die vergangene vulkanische Aktivität auf dem Mond gibt es heute noch Lavahöhlen. In den vergangenen Jahren wurden mehrere dieser „schwarzen Löcher" auf dem Mond entdeckt. Diese wurden entweder durch unterirdische Lavatunnel oder durch oberirdische Lavaströme geformt. Eines dieser Löcher im Bereich der Marius-Hügel, auf der erdzugewandten Seite, hat einen Durchmesser von 65 m und eine Tiefe von 88 m und wurde durch die japanische Mondsonde Kaguya entdeckt.

Eine andere Gefahr ist der Mondstaub, der sich schon bei den Apollo-Missionen überall festgesetzt hat. Die Oberfläche des Mondes besteht aus Regolith, einem sehr feinem Staub, bei dem es sich um die Überreste von Meteoriten handelt, die auf dem Mond eingeschlagen sind. Dieser Staub ist sehr scharfkantig und könnte beim Einatmen auf Dauer den menschlichen Organismus schädigen und eine Staublunge verursachen. Zusätzlich kann dieser die Dichtungen und die Elektronik der Mondstation beschädigen, insbesondere dann, wenn in der Nähe eine Rakete startet und dabei große Mengen an Staub aufwirbelt. Eine Lösung für dieses Problem könnten Raumanzüge sein, die an der Außenwand der Station bestiegen werden können, sodass der Mondstaub nicht ins Innere der Station kommt. Diese sind sowieso eine wichtige Schlüsseltechnologie für längere Mondaufenthalte, und anders als bei den Apollo Missionen, wo die Astronauten nur wenige Stunden bzw. Tage auf der Mondoberfläche verbrachten, müssten diese langfristig einsetzbar sein. Sie müssten außerdem bequemer sein und nicht so steif.

Zunächst wird es wahrscheinlich nur eine Forschungsstation auf dem Mond geben, allerdings wäre der Mond auch für Touristen interessant, und wie das nächste Kapitel zeigt, gibt es zudem wirtschaftliche Interessen.

Die ersten Gedanken für die menschliche Erkundung des Mondes veröffentlichte 1953 Hermann Oberth, welcher hierfür ein riesiges Mondauto entwarf, das in der Lage war, über Mondspalten zu hüpfen. Dieses war aber nicht praktikabel.

Deswegen wurde für die letzten drei Mondlandungen das Lunar Roving Vehicle (LRV) entwickelt, welches mit 38 Mio. Dollar für drei voll funktionsfähige Exemplare, zu den teuersten Fahrzeugen der Geschichte gehört. Hierbei handelte es sich um ein vierrädriges elektrisches Fahrzeug. Es war 3,1 m lang, bestand vorwiegend aus Aluminium und hatte, auf der Erde, ein Gewicht von 210 kg (auf dem Mond wog es aber nur soviel, wie auf der Erde 35 kg).

Aber anders als das Mondfahrzeug, das den Apollo-Astronauten zur Verfügung stand, verfügt der aktuell geplante Small Pressurized Rover (SPR) über eine Druckkabine, weshalb die Astronauten diesen ohne Raumanzug benutzen könnten. Ferner bietet dieser weitere Annehmlichkeiten, die das Fahren über der rauen Mondoberfläche angenehmer machen.[21]

Eine andere interessante Idee für die Fortbewegung auf dem Mond hatten 1995 bereits die Ingenieure I. A. Kozlov und V. V. Shevchenko mit ihrem „Mobile Lunar Base Project" im *Journal of the British Interplanetary Society*, denn diese wollten die gesamte Basis mobil halten.

Bemannte Marsmission

Der Schriftsteller Victor Hugo (1802–1885) soll gesagt haben: „*Nichts ist mächtiger als eine Idee, deren Zeit gekommen ist.*" Ich selber bin davon überzeugt, dass eine bemannte Marsmission (Abb. 7.6) nicht nur unseren Horizont erweitern, sondern uns sowohl technologisch als auch soziologisch in ein neues Zeitalter katapultieren würde. Wenn zum ersten Mal Menschen einen anderen Planeten als die Erde betreten, wäre dies ein Symbol für den Fortschritt, für die Überwindung als unüberwindlich geltender Hindernisse und nicht zuletzt für den menschlichen Pioniergeist. Eine Leistung, die ihresgleichen sucht.

---

[21]https://www.nasa.gov/directorates/esmd/home/black_point.html (08.08.2018).

Abb. 7.6   Astronauten einer bemannten Mars-Mission erkunden die Oberfläche

Bevor allerdings Menschen den Mars betreten, werden noch eine ganze Reihe von Sonden den Roten Planeten weiter erforschen. Auch wenn seit dem Beginn des Weltraumzeitalters und der ersten Bilder der Mariner-4-Sonde im Jahr 1965 eine ganze Armada an Orbitern und Rovern den Mars bereits erforscht hat, gibt es immer noch einige Rätsel. So ist der Ursprung des flüchtigen Gases Methan nach wie vor ein Mysterium, denn eigentlich kommen nur zwei Prozesse dafür in Frage: Lebewesen oder vulkanische Aktivität. Und gerade die entscheidende Frage nach dem außerirdischen Leben auf dem Mars ist bislang unbeantwortet. Deshalb könnte eine bemannte Marsmission letztendlich Gewissheit bringen, ob es auf dem Mars Leben gibt oder jemals gab.

Die NASA betreibt aktuell die stationäre Sonde InSight[22], welche erstmals ihren Forschungsschwerpunkt auf tiefere Gesteinsschichten legt und feststellen soll, ob der Mars einen flüssigen oder festen Kern hat und wie seismisch aktiv der Planet ist. Zudem wird es noch eine neue Rover-Mission[23] der NASA geben, und auch die europäische Raumfahrtorganisation plant, zusammen mit der russischen Raumfahrtorganisation Roskosmos, mit dem ExoMars Rover eine mobile Marsmission für das Jahr 2020. Wahrscheinlich wird es ferner noch eine Mission geben, die

---

[22]https://www.jpl.nasa.gov/news/news.php?feature=6934 (29.11.2017).
[23]https://www.jpl.nasa.gov/news/news.php?feature=7011 (29.11.2017).

automatisiert Marsgestein von der Oberfläche einsammelt und zur Erde bringt. Doch auch wenn eine solche Mission schon öfter angedacht worden ist, u. a. beim europäischen Aurora-Programm, scheiterte diese immer wieder an den Kosten.

Pläne für eine bemannte Marsmission gab und gibt es reichlich. 1960 stellte Philip Bono, ein Ingenieur von Douglas Aircraft, seinen Marsgleiter mit Deltaflügeln vor, welcher allerdings noch von einer gänzlich anderen Zusammensetzung der Marsatmosphäre ausging. 1962 präsentierten Ingenieure von North American Aviation ihre Pläne für einen Marsvorbeiflug und später auch für eine Marslandung eines 8-köpfigen Teams. 1972 stellte Morris Jenkins von der NASA seinen Plan für ein Marsraumschiff vor, das im Erdorbit während dutzender Flüge eines wiederverwendbaren Raumtransporters zusammengebaut werden sollte. Doch krankten die meisten Pläne an den begrenzten technischen Möglichkeiten ihrer Zeit bzw. der unzureichenden Datenlage über den Mars, denn ein Marsgleiter hätte in der dünnen Marsatmosphäre nicht genügend Auftrieb (Marsiske 2005, S. 23–25).

Auch Wernher von Braun machte sich hierüber Gedanken und schrieb einen Roman mit dem Titel „Das Marsprojekt". Hierin erzählt er von einer siebzig Mann starken Mission, die im Stile der großen Antarktis-Expeditionen zum Roten Planeten aufbricht, den von Braun sich genauso vorstellt wie einst Percival Lowell – Kanäle und Marsmenschen inbegriffen. Er verwendete aber viel Mühe auf die sachliche Korrektheit der raumfahrttechnischen Details (Rauchhaupt 2010, S. 52).

Dabei stellte sich von Braun eine Flotte von zehn Raumschiffen vor, die in der Erdumlaufbahn zusammenmontiert werden sollten, bevor die Crew zum Roten Planeten aufbricht. Später präsentierte von Braun einen abgespeckten Plan, bei dem immer noch zwölf Astronauten in zwei Raumschiffen zum Mars reisen sollten (Marsiske 2005, S. 22–23). Dass Raumfahrt für von Braun stets bemannte Raumfahrt war, hatte tiefere Gründe. Es ging ihm nie nur um Wissenschaft, sondern auch um eine Ausdehnung des physischen Aktionsradius des Menschen ins All (Rauchhaupt 2010, S. 54).

Des Weiteren gab es in der Sowjetunion Pläne für eine bemannte Marsmission. Der Ingenieur Michail Tichonrawow, welcher ein Pionier des Raumfahrzeugdesigns war und heute noch für seine Beteiligung an Sputnik und Wostok bekannt ist, entwickelte bereits 1956 die Idee zum *Martian Piloted Complex*. Hierbei sollten sechs Kosmonauten auf eine 900-tägige Marsmission gehen, die für das Jahr 1975 geplant war. Ferner sollten 25 N1-Raketen zum Einsatz kommen, also jener Schwerlast-Rakete, deren vier Startversuchen alle scheiterten und deren 30 Triebwerke der ersten Stufe schon gewaltige 45.400 kN Schub liefern sollten. Für die damalige Zeit war dies zu ambitioniert.

Heutzutage hingegen haben wir die technischen Möglichkeiten für so eine Mission, auch wenn es noch Herausforderungen gibt, welche die Sache verkomplizieren: die kosmische Strahlung, Sonnenstürme, der Anbau von Lebensmitteln, das Abfallmanagement, Bakterien und der Muskelschwund in der Schwerelosigkeit. All diese Dinge würden schon auf den Hinweg im Marsraumschiff nicht einfach zu lösen sein und würden auf der Oberfläche des Mars nicht weniger komplex.

Das Marsraumschiff könnte einen speziellen Bereich für die Crew haben, der mit Blei abgeschirmt ist, und es wäre möglich, dass man das Trink- und Brauchwasser in der Bordwand des Raumschiffs lagert, um einen weiteren Schutz gegen die kosmische Strahlung oder Sonneneruptionen zu haben. Allerdings fürchten Psychologen, dass die Astronauten, wenn sie längere Zeit darin bleiben müssten, einen Lagerkoller bekommen könnten.

Ferner könnten Mikroben, Algen und Pflanzen beim Abfallmanagement helfen, und die Ausscheidungen der Astronauten müssten gesammelt und wieder aufbereitet werden. Denn anders als bei einer Weltraumstation im Erdorbit wäre eine Marsmission auf ein geschlossenes Lebenserhaltungssystem angewiesen.

Arzneimittel müssten zudem vor Ort herstellbar sein, da diese aufgrund der höheren Strahlung schlecht lagerbar sind und schnell ihre Wirksamkeit verlieren würden. Außerdem könnten sowohl das Marsraumschiff als auch die Marsbasis mit einer Kurzarmzentrifuge ausgestattet sein, sodass bis zu vier Astronauten gleichzeitig wenigstens kurzzeitig eine höhere Schwerkraft erfahren würden. Dabei würde der Kopf in die Mitte und die Füße nach außen zeigen, sodass die größten Beschleunigungskräfte dort auftreten. Ferner könnten komplexe Trainingsmuster durchgeführt werden, wenn diese zusätzlich mit einem Fahrradergometer und Kraftmessplatten ausgestattet ist.

Doch leider fehlt in der westlichen Welt der politische Wille bzw. die politische Weitsicht, eine solche Mission durchzuführen. Politiker denken vornehmlich in Wahlperioden, und eine bemannte Marsmission ist nun mal ein Projekt, das sich mindestens über eine Dekade erstreckt, sodass man nicht selbst, sondern sein eigener Nachfolger die Früchte dieses Unterfangen ernten könnte, während man selbst nur Scherereien wegen der Kosten hat. Zudem flaute das öffentliche Interesse am Mars merklich ab, und erst durch die Pathfinder-Mission mit dem kleinen Rover Sojourner im Jahr 1997 ist der Mars wieder in den Fokus gerückt.

Dennoch bin ich mir sicher, dass ein solches Projekt noch vor Mitte des Jahrhunderts umgesetzt wird, womöglich sogar schon in den 2030er-Jahren. Hans Koenigsmann von SpaceX ist sogar noch optimistischer und erwartet den ersten Menschen auf dem Roten Planeten zwischen 2025 und 2030.

Zwar besitzt der Mars, anders als der Mond, eine dünne Atmosphäre, welche vor Mikrometeoriten etwas Schutz bietet. Doch ist diese mit nur 1 % der irdischen Atmosphäre sehr dünn, dennoch eignet sich diese für *Aerobraking*-Manöver. Aber eine Marslandung ist schwierig zu bewerkstelligen, wie die lange Liste gescheiterter Missionen zeigt. Dass die NASA hierbei erfolgreicher als andere Raumfahrtbehörden ist, liegt vor allem daran, dass die NASA aus ihren Fehlschlägen gelernt hat.

Aufgrund des fehlenden globalen Magnetfeldes gibt es auf dem Mars keinen Schutz gegen die kosmische Strahlung oder Sonnenstürme. Hinzu kommen planetenweite Sandstürme und hohe Temperaturschwankungen zwischen Tag und Nacht.

Zwar gibt es Wasser auf dem Mars, in größeren Mengen allerdings nur in gebundener Form als Wassereis. Allerdings wurde im Juli 2018 durch MAR-SIS (Mars Advanced Radar for Subsurface and Ionosphere Sounding) an Bord der europäischen Mars-Express-Sonde auch unterirdisches Wasser am Marssüdpol gefunden.[24]

Der Luftdruck auf dem Mars ist so niedrig, dass das Blut eines Astronauten ohne Druckanzug zu kochen beginnen würde. Zudem ist es auf dem Mars eiskalt: Die durchschnittliche Oberflächentemperatur beträgt −23 °C. Klingt nicht gerade idyllisch.

Menschlicher Faktor

Wenn Astronauten über längere Zeit in einem engen Raumschiff eingepfercht sind, spielt nicht nur die technische Kompetenz eine Rolle, sondern vor allem die soziale. Die Astronauten müssen miteinander klarkommen und sind aufeinander angewiesen. Außerdem wäre die Isolation von der Familie und Freunden eine psychische Belastung. Anfangs würde sich die Crew noch in der Euphoriephase befinden, welche nach einigen Wochen durch die Routinephase abgelöst würde. Die strenge Reglementierung durch vorgegebene Zeitpläne, das notwendige Fitnessprogramm und die eingeschränkte Kommunikation mit der Außenwelt könnten auf die

---

[24]https://www.jpl.nasa.gov/news/news.php?feature=7200 (01.08.2018).

Stimmung der Astronauten drücken, und durch Stimmungstiefs könnte sich die Fehleranfälligkeit erhöhen (Ley und Hallman 2007, S. 393).

Die Auswahl der Crewmitglieder aufgrund der Psyche ist deshalb besonders wichtig, daher gab es schon mehrfach Tests einer solchen Langzeitmission auf der Erde. Unter anderem beim *Mars-500*-Projekt oder beim Programm Extreme Environment Mission Operations (NEEMO) der NASA, bei dem sechs Wissenschaftler auf einer Forschungsstation in 20 m Tiefe auf dem Meeresboden bei den Florida Keys Grundlagenforschung über die Erforschung fremder Welten durch Menschen betreiben.

Aber wo immer Menschen zusammenarbeiten, gibt es auch eine Gruppendynamik, und nicht immer hat diese eine positive Auswirkung auf die Leistungsfähigkeit der Gruppe. Ein besonders interessantes Beispiel hierfür ist *Biosphere 2*. Hierbei handelte es sich um ein Experiment in der Wüste von Arizona, das sehr gut die Probleme von zukünftigen menschlichen Außenposten aufgezeigt hat. Eine Besatzung von acht Menschen sollte 24 Monate lang das Leben in einem geschlossenen Habitat simulieren, dass es Streitereien geben würde, war einkalkuliert, doch zerfiel die Besatzung in zwei Gruppen, die kaum noch miteinander sprachen. Begünstigt wurde das Ganze zudem durch Sauerstoffmangel, da der verbaute Beton diesen schleichend absorbierte, und durch Hunger, da Pilze und Mikroben die Ernte befielen.[25]

Zudem wären die Astronauten aufgrund der Strahlung einem signifikant höheren Krebsrisiko ausgesetzt. Deswegen sollten die ersten Menschen auf dem Mars ältere Menschen sein. Dies könnte auch aus psychologischen Gründen sinnvoll sein, denn diese könnten dieses Ereignis besser mental verarbeiten. Bei der Mondlandung setzte man auf den Typus junge Draufgänger, und viele Astronauten hatten nach dem Apollo-Programm echte Schwierigkeiten, ihren Erfolg zu verkraften und flüchteten sich unter anderem in den Alkohol. Buzz Aldrin, den zweiten Mann auf dem Mond, traf es besonders schwer, da sich seine depressive Mutter umbrachte, um nicht den Medienrummel ertragen zu müssen. In unserer heutigen Informationsgesellschaft wäre der Trubel noch viel gewaltiger.[26]

Außerdem müssen Astronauten auf dem Mars improvisieren können, denn man muss mit dem zurechtkommen, was man hat. Man kann nicht alles im Vorfeld planen. Zudem müssen alle Elemente recyclebar sein und möglichst wartungsarm betrieben werden können. Dabei könnte die

---

[25]http://einestages.spiegel.de/static/topicalbumbackground/23553/hoelle_im_glashaus.html (05.09.2018).

[26]http://www.spiegel.de/wissenschaft/weltall/zehn-wahrheiten-von-buzz-aldrin-ich-wollte-nicht-als-erster-raus-a-637190.html (23.04.2018).

Ausrüstung oder das Schuhwerk der Astronauten bei ihren Erkundungsmissionen leicht durch scharfkantige Lavasteine beschädigt werden. Außerdem wäre der Marsstaub ein Problem, ähnlich wie auf dem Mond bräuchte
man ein ausgeklügeltes Schleusensystem zwischen Basislager und Außenwelt, denn eine Waschmaschine ist groß, schwer, sperrig und hat zudem
einen hohen Wasserverbrauch, weshalb so wenig Dreck wie nur möglich ins
Innere des Lagers dringen sollte.

Auch die Kommunikation wäre anders, als wir es auf der Erde gewohnt
sind. Aufgrund der großen Entfernung zum Mars wäre eine Echtzeit-
kommunikation nicht möglich. Nachrichten und E-Mails müssten daher
eindeutig verfasst werden, um Nachfragen zu vermeiden. Wenn der Mars
sich hinter der Sonne befindet, wäre eine Kommunikation zur Erde zudem
nicht möglich, sofern man nicht für diesen Fall Satelliten so im Sonnensystem positioniert, dass diese als Relay-Station dienen können.

90-day Report (Dezember 1990)

Im 90-day Report wurde beschrieben, dass zunächst gigantische Raumstationen errichtet werden sollten, die in der Lage wären, Raumschiffe zu
bauen, die wiederum zum Mond fliegen könnten. Dort sollte das Marsraumschiff zusammengebaut werden, das die Crew zum Roten Planeten
befördern und dort landen könnte. Dann sollten die Astronauten aussteigen,
ihre Fußspuren hinterlassen und die amerikanische Flagge aufstellen. Nach
wenigen Tagen sollten diese wieder zur Erde aufbrechen. Der Plan wurde
dem US-Kongress vorgestellt und die Kosten auf 450 Mrd. Dollar beziffert.
Natürlich wurde der Plan abgelehnt.

Mars Direct

Mars Direct ist ein Plan von Robert Zubrin, dem Gründer der Mars Society,
sowie David Baker und der Firma Martin Marietta, welche heute zu Lockheed Martin gehört, sie stellten hierfür ein 12-köpfiges Team zusammen.
Wie der Name schon vermuten lässt, gehört zu diesem Plan ein Direktflug
zum Mars ohne den Umweg über den Mond. Das Marsraumschiff würde
auf der Erde gebaut werden, und der Flug zum Mars sollte 6 Monate dauern. Dort sollten die Astronauten etwa 1,5 Jahre bleiben, bis sich wieder ein günstiges Startfenster zur Erde öffnet. Der Großteil (95 %) des
Methan-Treibstoffes für den Rückflug könnte aus der Marsatmosphäre
gewonnen werden, da es eine erhebliche Gewichtseinsparung bedeuten

würde, wenn dieser nicht mittransportiert werden müsste. Lediglich die 5 % benötigter Wasserstoff sollten mitgebracht werden. Der notwendige Sauerstoff könnte ebenfalls aus der kohlendioxidhaltigen Atmosphäre des Mars gewonnen werden.

Außerdem sollte die Mission in zwei Phasen unterteilt werden. Zunächst sollte die Raumfähre für den Rückflug und eine kleine Treibstofffabrik zum Mars gebracht werden. So könnte der Treibstoff produziert werden, bevor die eigentlichen Astronauten die Erde verlassen. Bei Ankunft der vier Astronauten würden diese ein vollgetanktes Raumschiff vorfinden.

Doch gab es gegen dieses Projekt Widerstand aus der NASA. Vornehmlich die Abteilungen, welche sich mit dem Aufbau der Raumstation ISS beschäftigten, kritisierten den Plan, da diese gar nicht vorkam. Zudem sollte Zubrin beweisen, dass man tatsächlich den Treibstoff aus der Marsatmosphäre gewinnen könnte, daraufhin konstruierte dieser innerhalb weniger Monate eine Maschine, die mit einem Wirkungsgrad von 94 % funktionierte.

Später gab es eine überarbeitete Version mit der Bezeichnung Mars Semi Direct unter Hilfe von Experten des Johnson Space Center der NASA. Die Kosten wurden auf 55 Mrd. Dollar beziffert und die Zeitschrift Newsweek machte diese Idee zur Titelstory.

Mars to Stay

Beim Mars-to-Stay-Projekt geht es darum, dass Menschen ohne Rückfahrticket zum Mars aufbrechen, und dies hätte einen entscheidenden Vorteil, denn ohne Rakete, welche die Astronauten wieder zur Erde zurückbringt, spart man erheblich Kosten. Buzz Aldrin ist einer der größten Verfechter dieser Idee und zieht als Beispiel die ersten Siedler Amerikas heran. Renommierte Wissenschaftler wie Paul Davis[27] und Lawrence M. Krauss[28] unterstützen diese Idee ebenfalls. Sie sind der Meinung, dass diese Pioniere die Möglichkeit hätten, bahnbrechende wissenschaftliche Arbeit auf der Oberfläche des Mars zu betreiben und dies die Risiken überwiegt und wir auch über extreme Lösungen nachdenken müssen, wenn wir das Spektrum der menschlichen Zivilisation über unseren eigenen Planeten hinaus erweitern wollen.

---

[27] http://nytimes.com/2004/01/15/opinion/15DAVI.html (10.09.2018).
[28] http://www.nytimes.com/2009/09/01/opinion/01krauss.html?_r=1 (10.09.2018).

Ich persönlich glaube aber nicht, dass jemand die politische Verantwortung hierfür übernehmen würde. Wenn ein Teil der Ausrüstung der Astronauten nicht funktionieren sollte oder das Basislager durch Mikrometeoriten oder einem Sandsturm beschädigt werden würde, könnte die Welt – ohne Möglichkeit, die Menschen zu evakuieren – live dabei zusehen, wie die ersten Pioniere auf einem anderen Planeten langsam zu Grunde gehen, und dieses Risiko wird kein Politiker eingehen wollen. Auch wenn sich sicherlich Freiwillige dafür finden würden, die aber im Vorfeld gar nicht abschätzen können, was auf sie zukommt. Eine bemannte Marsmission wäre gefährlich, ein One-Way-Ticket wäre noch einmal deutlich risikoreicher, denn Murphys Gesetz gilt mit Sicherheit auch auf dem Mars: „Was schiefgehen kann, wird auch schiefgehen".

Wenn die Menschheit sich entschließt, eine Marsstation für Forschungszwecke zu betreiben oder gar den Roten Planeten kolonisieren will, darf dies keine alleinige Frage der Kosten sein. Ein Vergleich mit den Pionieren, die von der Mayflower in die neue Welt gebracht wurden, hinkt schon deswegen, weil zwar die Überfahrt gefährlich und es am Zielort ungewiss war, es aber genügend Sauerstoff, Wasser und Nahrung gab (und nicht zuletzt amerikanische Ureinwohner, die gelernt hatten, in der Umgebung zu leben und mit denen man Handel treiben und Erfahrungen austauschen konnte). Auf dem Mars gibt es nichts davon ohne vorherige technische Gewinnung, und erst recht nicht bei einem Stromausfall. Außerdem sollte nicht nur eine kleine Gruppe auf den Mars landen, wenn wir diesen betreten wollen – was passiert, wenn der einzige Arzt einen Unfall hat? – sondern eine größere Gruppe, wo jede Position doppelt und dreifach besetzt ist.

Aktuelle Pläne

Die NASA veröffentlichte 2016 die Idee eines *Mars Ice Domes* vom NASA's Langley Research Center. Dieses Rieseniglo hat eine aufblasbare Struktur, umhüllt von einer Schutzschicht aus Eis. Dies hätte den Vorteil, dass die kosmische Strahlung abgeschirmt werden würde, und Eis gibt es an verschiedenen Stellen des Mars knapp unter der Oberfläche. Zudem wäre das Eis lichtdurchlässig und die Bewohner hätten einen natürlichen Tag-Nacht-Rhythmus.[29]

---

[29]https://www.nasa.gov/feature/langley/a-new-home-on-mars-nasa-langley-s-icy-concept-for-living-on-the-red-planet (09.08.2018).

Auch die Vereinigten Arabische Emirate planen dem Mars einen Besuch abzustatten und haben hierfür das Projekt *Emirates Mars Mission* gegründet. Zunächst soll ein Orbiter zum Mars geschickt werden und weitere Daten über den Roten Planeten sammeln, bevor in einigen Jahrzehnten Menschen zum Mars geschickt werden.

Ferner beschäftigt sich Lockheed Martin aktuell mit dem Thema und stellte sein Konzept des *Mars Base Camp* (Abb. 7.7) bereits auf der IAC 2016 in Guadalajara, Mexiko, der Öffentlichkeit vor und spezifizierte dieses ein Jahr später auf dem IAC Kongress in Adelaide. Hierbei spielt die Orion-Kapsel eine Schlüsselrolle. Es soll zunächst eine Raumstation für sechs Astronauten im Mars-Orbit errichtet werden, welche als fliegendes Basislager dient. Dieses soll im Wesentlichen aus zwei Orion-Kapseln, einem Laboratorium und drei Habitaten bestehen sowie um Solarmodule und Radiatoren ergänzt werden. Zum Schutz vor der gefährlichen Weltraumstrahlung sind zwei der drei Habitate von flüssigen Wasserstoff- und Sauerstofftanks umgeben. Von hier aus sollen die Astronauten mittels Mars Base Camp Lander (Abb. 7.8) die Oberfläche des Roten Planeten erforschen.

Die aktuell ambitioniertesten Pläne für eine bemannte Marsmission hat Elon Musk. Von ihm stammt das Zitat: *„I would like to die on Mars. Just*

Abb. 7.7 Künstlerische Darstellung des Mars Base Camp von Lockheed Martin

Abb. 7.8   Mars Base Camp Lander von Lockheed Martin

not on impact." Deshalb ist es nicht sein Ziel, nur zum Mars zu fliegen, um eine Fahne aufzustellen, sondern er will dort eine dauerhafte menschliche Präsenz errichten, weshalb wir uns mit diesen Plänen im nächsten Kapitel beschäftigen.

Literatur

Aldrin, B. (2013). *Mission to mars*. Washington, D.C.: National Geographic.

Ley, W., & Hallmann, W. (2007). *Handbuch der Raumfahrttechnik*. München: Hanser.

Marsiske, H.-A. (2005). *Heimat Weltall – Wohin soll die Raumfahrt führen?*. Frankfurt a. M.: Suhrkamp.

Oberth, H. (1957). *Menschen im Weltraum*. Düsseldorf: Econ Verlag

von Rauchhaupt, U. (2010). *Der neunte Kontinent*. Frankfurt a. M.: Fischer Taschenbuch.

8

Die Kolonisierung des Sonnensystems

Ich finde, die Zivilisation ist eine gute Idee. Nur sollte
endlich mal jemand anfangen, sie auszuprobieren.
Arthur C. Clarke (1917–2008)

Die Kolonisierung des Sonnensystems ist alleine schon deshalb sinnvoll, da das Bevölkerungswachstum in den nächsten Jahrzehnten dramatisch ansteigen wird. Aktuell geht die UNO davon aus, dass im Jahr 2100 etwa 11,2 Mrd. Menschen auf der Erde leben werden, und bereits die heutige Generation an Menschen bräuchte eigentlich einen zweiten Planeten, um ihren Ressourcenhunger zu stillen. Außerdem wird die Erde aufgrund der Folgen des Klimawandels bald anders aussehen als heute, mit einem höheren Meeresspiegel sowie stärkeren und häufigeren Unwettern. Ferner könnte durch die Überfischung der Meere, die zunehmende Ausbreitung von Wüsten und die zunehmenden Konflikte um Wasser ein großer Migrationsdruck entstehen.

Deswegen bin ich mir sicher, dass die Kolonisierung des Sonnensystems noch in diesem Jahrhundert angegangen wird. Menschen werden die Wiege der Erde verlassen, um dauerhaft auf einem anderen Körper unseres Sonnensystems zu leben. Das erste Baby wird fernab unseres Heimatplaneten geboren werden und die Menschheit wird zu einer interplanetaren Spezies. Alles, was uns bisher dazu fehlt, das Sonnensystem zu kolonisieren, sind ein Weltraumfahrstuhl und die Fusionsenergie.

© Springer-Verlag GmbH Deutschland, ein Teil von Springer Nature 2019
S. Piper, *Space – Die Zukunft liegt im All,* https://doi.org/10.1007/978-3-662-59004-1_8

Die Mondkolonie

Wenn erst einmal eine Mondstation etabliert ist, wird es weitere Betätigungsfelder geben. Der Erste, der eine Mondkolonie (Abb. 8.1) vorschlug, war der britische Bischof John Wilkins (1614–1672) in seinem Werk „A Discourse Concerning a New World and Another Planet". Jahrhunderte später war dies zudem ein beliebtes Thema in den 1950er- und 1960er-Jahren. So veröffentlichten John DeNike und Stanley Zahn 1962 ihre Idee einer Mondbasis in *Aerospace Engineering* und wählten hierfür das Mare Tranquillitatis, den späteren Landeort von Apollo 11.

Während die bemannte Erforschung des Mars durch Elon Musk immens an Fahrt aufgenommen hat, ist die treibende Kraft hinter der Kolonisierung des Mondes Jeff Bezos. Dieser will mit seinem Unternehmen Blue Origin binnen 10 Jahren dort sein und wirbt für Unterstützung durch NASA und ESA, lässt aber keinen Zweifel daran, dass er es notfalls auch ohne Partner riskieren will.[1]

Reicht für eine Mondstation ein Gewächshaus, müssten es für eine Mondkolonie schon vertikale Farmen zur Nahrungsmittelproduktion sein. Dies hätte Vor- und Nachteile. Ein Nachteil ist die Strahlung, denn die Außenhaut des Gebäudes müsste diese abschirmen. Vorteilhaft wäre, dass man die Nahrungsmittel für die Kolonisten direkt vor Ort gewinnen könnte und zudem auf dem Mond aufgrund der geringeren Schwerkraft wesentlich höher bauen könnte als auf der Erde. So könnten Salat, Tomaten, Gurken und Kräuter das ganze Jahr gewonnen werden. Dazu wäre nicht einmal Sonnenlicht erforderlich, denn alles, was es brauchen würde, wäre eine exakt dosierte Nährstofflösung, eine gute Bewässerungsanlage und optimiertes LED-Licht (bevorzugt blaues und rotes Licht). Unter diesen optimierten Bedingungen können die Pflanzen besser und schneller wachsen als unter natürlichen Bedingungen. Man nennt diese Anbaumethode Aeroponik. Heutzutage wird der Anbau von Gemüse schon in der Antarktis getestet, z. B. durch das DLR im Gewächshaus EDEN-ISS in unmittelbarer Nähe der Neumayer-III-Station.[2,3]

---

[1] https://nypost.com/2018/05/28/jeff-bezos-planning-for-moon-colony-within-decades/ (09.09.2018).

[2] https://www.dlr.de/dlr/desktopdefault.aspx/tabid-10081/151_read-16071/#/gallery/21412 (07.08.2018).

[3] https://www.dlr.de/dlr/desktopdefault.aspx/tabid-11008/1797_read-26679#/gallery/30077 (07.08.2018).

Abb. 8.1 Künstlerische Darstellung eines Astronauten vor einer Mondbasis

Zudem geht es nicht ohne 3D-Drucker, denn damit eine Kolonie wirtschaftlich ist, müssten so viele Rohstoffe wie möglich vor Ort genutzt werden. Ferner ist die *Planetary Protection,* welche beim Mars oder dem Jupitermond Europa eine große Rolle spielt, auf dem Mond vernachlässigbar, da die Kontamination mit irdischen Mikroben nicht entscheidend ist.

Die ESA plant bereits jetzt den Aufbau des *Moon Village.* Hierbei sollen Technologien des von der EU geförderten Projektes Regolight[4] zum Einsatz kommen. Bei diesem Projekt, unter Koordination des DLR, wurde das Einschmelzen von künstlichem Mondstaub mittels Solarenergie getestet, bevor ein 3D-Drucker zum Einsatz kam, um daraus Bausteine für die Außenhaut einer Mondbasis zu drucken. Eine solche Außenhaut aus Regolith hätte den Vorteil, dass diese undurchlässig für die Strahlung wäre.

Bergbau auf dem Mond

Der Mond bietet Rohstoffe, welche bereits auf der Erde vorhanden sind und wirtschaftlich genutzt werden. Darüber hinaus gibt es auf dem Mond aber auch das sehr seltene Element Helium-3. Dieses Isotop wird durch den Sonnenwind auf andere Himmelskörper verteilt. Da der Mond, anders als die Erde, keine Atmosphäre und kein Magnetfeld hat, findet sich dieser Stoff

---

[4]http://regolight.eu/ (19.08.2018).

auch auf der Mondoberfläche. Genauer gesagt ist er in geringen Konzentrationen in das Regolith eingebettet, weshalb für einen Abbau dieses Rohstoffes kilometergroße Flächen Mondstaub abgeerntet werden müssten, um nennenswerte Menge Helium-3 zu gewinnen. Allerdings könnte sich dies wirtschaftlich lohnen, da in einem zukünftigen Fusionskraftwerk nur wenige Tonnen benötigt werden, um die Energieversorgung eines ganzen Kontinents für Jahre sicherzustellen.

Wirtschaftlich lohnen könnte sich auch überschüssigen Mondsolarstrom mittels Mikrowellen- oder Laserstrahlen zur Erde zu transportieren, da auf dem Mond eine wesentlich höhere Energieausbeute als auf unserem Planeten möglich ist.

Teleskop auf der Rückseite des Mondes

Die Rückseite des Mondes ist gut von der Erde abgeschirmt und wohl der stillste Ort in Erdnähe. Deswegen wäre diese Region gut geeignet, ein optisches oder ein Radioteleskop zu betreiben, denn der Mond bietet mehrere Vorteile gleichzeitig:

Es gibt keine störende Atmosphäre, welche das Licht oder die Signale beeinflusst. Aufgrund der geringen Schwerkraft könnte man riesige Anlagen errichten. Das vorhandene Mondmaterial könnte nicht nur dazu dienen, die Unterstützungsstruktur, die parabolisch geformten Reflektoren und die Antennen aufzubauen, sondern die NASA testete sogar schon die Herstellung eines Spiegels aus Mondstaub. Und wenn ein technisches Problem auftritt oder eine Wartung notwendig wird, könnte man leicht Astronauten aus einer benachbarten Mondkolonie dort hinschicken.[5]

Olympische Spiele auf dem Mond

Für die NASA ist es eigentlich nur eine Frage der Zeit, bis die Olympischen Spiele auf dem Mond stattfinden werden, und sie hat mit dem Krater Plato schon den perfekten Platz für das Olympische Dorf ausgemacht – zumal Platon nicht nur ein bedeutender Philosoph, sondern auch zweimaliger Olympiasieger in Pankration, einer Mischung aus Boxen und Ringen, war. Zudem liegt dieser Krater in der Nähe der lunaren Alpen.[6]

---

[5]https://science.nasa.gov/science-news/science-at-nasa/2008/09jul_moonscope (06.09.2018).
[6]http://science.nasa.gov/science-news/science-at-nasa/2006/08feb_lunaralps/ (30.11.2017).

Aufgrund des fehlenden Schnees würde aber nur eine Sommerolympiade infrage kommen, bei der ein olympischer Rekord nach dem anderen aufgestellt werden würde. Und das nicht nur im Hoch- und Weitsprung, sondern auch im Kugelstoßen und Speerwerfen. Ferner könnte ein Mensch auf dem Mond leichter Gewichte heben und beim Turnen vollkommen neue Kunststücke zeigen.

Allerdings müsste diese Sportveranstaltung unter einer großen Kuppel stattfinden, oder die Athleten müssten permanent Weltraumanzüge tragen. Die bei der Mondlandung verwendeten Raumanzüge Apollo A7L (Apollo 7–14) und die verbesserten Raumanzüge Apollo A7LB (Apollo 15–17) wogen allerdings allein schon zwischen 91 und 96 kg (inklusive Lebenserhaltungssystem) und ermöglichten Ausflüge von 6–7 h bei einer Notreserve von 30 min. Für sportliche Höchstleistungen wären diese Weltraumanzüge ungeeignet. Aber auch die aktuelle Generation von Weltraumanzügen, die Extravehicular Mobility Units (EMU), sind zu steif und zu schwer. Deswegen arbeitet die NASA an neuen Prototypen der *Z series space suits*. Diese Advanced Extravehicular Mobility Unit (AEMU) gehören zu NASA's Advanced Exploration Systems (AES)-Programm und wären wesentlich leichter.

Kolonisierung des Mars

Die antiken Römer benannten den rot schimmernden Körper am Firmament nach ihrem Kriegsgott. Bei keinem anderen Planeten unseres Sonnensystems ist es wahrscheinlicher, dass dieser in nicht allzu ferner Zukunft eine zweite Heimat für die Menschheit werden wird, zumal er eine ähnlich große Fläche wie die Landmassen der Erde bietet (zur Erinnerung: 70 % unseres Planeten ist von Ozeanen bedeckt).

Ein Marstag dauert mit 24 h und 37 min nur wenig länger als ein Erdentag, während ein Marsjahr, aufgrund der größeren Entfernung zur Sonne, mit 1,88 Erdenjahren fast doppelt so lang ist. Neben einem etwas längeren 24-Stunden-Rhythmus gibt auf dem Mars zudem Jahreszeiten, eine Atmosphäre, Schwerkraft, Wassereis und Rohstoffe. Deswegen bietet sich der Mars geradezu an, kolonisiert zu werden (Abb. 8.2). Aber aufgrund der großen Entfernung zwischen Erde und Mars müsste eine Marskolonie weitestgehend autark sein.

Ähnlich wie auf dem Mond könnte eine Marskolonie zunächst unterirdisch oder in einer Höhle auf dem Mars errichtet werden. Denn wenn schon die Strahlung auf dem Weg zum Mars gefährlich ist, so ist es noch gefährlicher dauerhaft auf dem Mars zu leben. So gibt es auf dem Mars, anders als auf der Erde, auch die energiereiche und schädliche UV-C Strahlung.

Abb. 8.2 Künstlerische Darstellung der Landung auf dem Planeten Mars

Elon Musk stellte seine Pläne 2017 auf dem International Astronautical Congress (IAC) in Adelaide, Australien, vor. Er plant, im Jahr 2022 zwei Starships mit Fracht zum Mars zu schicken. Diese sollen u. a. große Solarpaneele und Bergbauausrüstung zum Roten Planeten transportieren. Letztgenannte wird für den Aufbau einer automatischen Treibstoffraffinerie benötigt, welche mittels Sabatier-Prozess Wasserstoff (H_2) und das in der Marsatmosphäre reichlich vorhandene Kohlenstoffdioxid (CO_2) zu Methan (CH_4) und Sauerstoff (O_2) umwandelt und in einem weiteren Schritt mittels Bosch-Reaktion auch Wasser (H_2O) herstellt.

Ab 2024 sollen dann weitere vier Starships zum Mars aufbrechen, und auf zwei der Raumschiffe sollen sich jeweils 6–8 Menschen befinden. Nun soll mit dem Aufbau einer Marsbasis begonnen werden. Diese wird zunächst modulweise aufgebaut, und es soll unterschiedliche Habitate für die Kommunikation, die medizinische Versorgung und die Unterkünfte geben. Im Laufe der Jahre werden immer mehr menschliche Kolonisten auf dem Mars ankommen. Elon Musks Ziel ist es, dass noch in diesem Jahrhundert eine Million Menschen in einer Kolonie, die sich selbst erhalten und versorgen kann, auf dem Mars leben und die Menschheit wahrlich eine multiplanetare Spezies wird. Für eine größere Anzahl an Menschen wären riesige Kuppeln vorteilhaft, da man diese im Inneren erdähnlich gestalten und so den Marskolonisten größere Freiräume verschaffen könnte.

Außerdem könnten zwei andere Ideen von Elon Musk zum Einsatz kommen. Denn die Erfahrungen der Boring Company und die Hyperloop-Technologie könnten auch auf dem Mars zum Einsatz kommen, wobei aufgrund der schwachen Atmosphäre und ohne großen Luftwiderstand ein Hochgeschwindigkeitszug nicht in einer Vakuumröhre fahren müsste, sondern dies an der Oberfläche tun könnte.

Die Nahrungsreserven der ersten Kolonisten sollen zwar wenigstens für zwei Jahre reichen, dennoch müssen sich die ersten Kolonisten zeitnah um den Aufbau von Gewächshäusern kümmern, um ihre Nahrung mit frischem Obst, Gemüse und Kräutern zu veredeln. Dabei gibt es auf dem Mars ein Problem, das man lösen muss. Denn durch die Mars-Sonde Phoenix wurde im Jahr 2008 eine hohe Konzentration an Perchloraten im Marsboden nachgewiesen. Diese hemmen die Jodaufnahme und beeinflussen somit den Stoffwechsel der menschlichen Schilddrüse negativ, sodass Nahrung, welche im Marsboden gewachsen ist, nicht ohne Weiteres für den Verzehr geeignet ist.[7]

Eine andere Sache die aus dem Marsboden gewonnen werden muss ist Beton, denn für die Fundamente der Marskolonie ist dieser ebenso wichtig, wie für die Start- und Landeplätze der Raketen. Wissenschaftler der Northwestern University haben sich mit diesem Problem beschäftigt und einen Marsbeton zusammengemixt, der sogar ohne Wasser auskommt und dessen Schlüsselzutat Schwefel ist.[8]

Kritisch für das Überleben auf dem Mars wäre zudem das Lebenserhaltungssystem. All die Herausforderungen, die bereits bei der bemannten Marsmission beschrieben wurden, wären noch einmal deutlich komplexer, da ein wartungsarmer, redundanter Dauerbetrieb notwendig wäre und mit der Zeit immer mehr Menschen auf dem Mars eintreffen würden.

Eine größere Herausforderung sind auf Dauer die Sandstürme auf dem Mars. Diese treten saisonbedingt auf und können wochenlang den ganzen Planeten einhüllen. Deswegen wird man sich bei einer Marskolonie nicht nur auf Solarzellen verlassen können, sondern die NASA plant hierfür bereits den Einsatz von Kernenergie und hat mit dem Kilopower-Projekt ein Miniaturkraftwerk in Entwicklung. Der Prototyp, welcher mit Uran-235 als Nuklearbrennstoff betrieben wird, wurde der Öffentlichkeit bereits vorgestellt. Bis zu 10 Kilowatt Strom lassen sich so über einen längeren Zeitraum von bis zu 10 Jahren nutzen. Mehrere Einheiten zusammengeschaltet

---

[7] http://science.sciencemag.org/content/325/5936/64 (30.12.2018).

[8] https://www.technologyreview.com/s/545216/materials-scientists-make-martian-concrete/ (30.12.2018).

könnten genug Energie für einen größeren menschlichen Außenposten liefern.[9,10]

Außerdem benötigen die ersten Siedler Fahrzeuge auf dem Mars. Die NASA hat hierzu das Space Exploration Vehicle entwickelt. Dieses unter Druck stehende Fahrzeug kann bis zu vier Astronauten aufnehmen.

Sobald Menschen auf dem Mars einmal Fuß gefasst haben, ist es nur noch eine Frage der Zeit, wann der Olympus Mons, der höchste Berg des Sonnensystems, das erste Mal bestiegen wird und wann jemand vor dem Valles Marineris zum ersten Mal ein Selfie macht.

Terraforming des Mars

Das Terraformen des Mars (Abb. 8.3), also das Umgestalten des Planeten, sodass er ohne technische Hilfsmittel bewohnbar wird, ist ein beliebtes Thema der Science Fiction. Realistisch gesehen, könnte dies eine Aufgabe für das 22. Jahrhundert sein. Die Hauptprobleme sind die dünne Atmosphäre und das Fehlen eines globalen Magnetfeldes. Ohne dieses kann der Mars nicht erfolgreich umgewandelt werden, denn die Sonnenwinde würden die obere Atmosphäre mit der Zeit wieder abtragen. Deswegen denkt man heutzutage bereits darüber nach, ein künstliches Magnetfeld auf dem Planeten zu errichten, dass mindestens so stark wie das der Erde ist.

Der Begriff *Terraforming* wurde 1942 zum ersten Mal von dem amerikanischen Science-Fiction-Autor Jack Williamson für eine Geschichte in *Astounding Science Fiction* benutzt. In der Geschichte mit dem Titel „Collision Orbit" geht es allerdings um Weltraumingenieure, die Asteroiden erdähnlich umgestalten.

Dabei gibt es schon ein erfolgreiches Terraforming-Experiment, allerdings auf der Erde und in einem kleineren Maßstab. Kein geringerer als Charles Darwin führte es zusammen mit dem Botaniker Joseph Dalton Hooker durch, als diese 1836 die Insel Ascension im Atlantik betraten. Zu diesem Zeitpunkt war die Insel eine karge Landschaft, deswegen entwickelte man einen Plan zur Begrünung und wurde hierbei von der britischen Marine unterstützt, welche die unterschiedlichsten Pflanzen herbeischaffte. Es dauerte nur wenige Jahrzehnte, bis aus der Insel ein funktionierendes Ökosystem wurde.[11]

---

[9]https://www.nasa.gov/directorates/spacetech/kilopower (07.05.2018).

[10]https://www.nasa.gov/press-release/demonstration-proves-nuclear-fission-system-can-provide-space-exploration-power (07.05.2018).

[11]http://www.faz.net/aktuell/wissen/natur/ascension-das-experiment-am-ende-der-welt-1604697.html (30.04.2018).

Abb. 8.3 Künstlerische Darstellung des Mars mit flüssigem Wasser

Da wir uns heute schon mit Treibhausgasen auskennen und hiermit das Klima der Erde beeinflusst haben – wenn auch negativ –, dürfte uns dieses auch auf dem Mars gelingen. Zwar gibt es die Einschätzung, dass der Mars nicht genügend Kohlenstoffdioxid besitzt, um erfolgreich umgewandelt zu werden.[12] Aber das Kohlenstoffdioxid allein ist hierfür nicht entscheidend. Zumal es natürliche Methanquellen auf dem Mars gibt und Methan ein sehr viel wirksameres Treibhausgas als Kohlenstoffdioxid ist. Eine weitere Möglichkeit besteht darin, die hellen Flächen der Marspolkappen, die das Sonnenlicht reflektieren, durch dunkles Material zu ersetzen. Dieses würde das Sonnenlicht absorbieren und somit die Temperaturen ansteigen lassen. Dadurch würde vor allem das Kohlenstoffdioxid, das vornehmlich als Trockeneis an den Polkappen des Planeten vorhanden ist, auftauen, und die Dichte der Marsatmosphäre würde steigen. Dieses dunkle Material könnten Algen sein, die das Kohlenstoffdioxid konsumieren und Sauerstoff ausscheiden. Ein gänzlich anderer Ansatz wäre eine Armada von Solar-Satelliten, welche das Sonnenlicht einsammeln und gebündelt zum Mars schicken könnten, um die dortigen Temperaturen zu erhöhen. In jedem Fall wäre dies aber ein Projekt, das sich über Jahrzehnte, womöglich sogar über Jahrhunderte erstreckt.

---

[12]https://www.nasa.gov/press-release/goddard/2018/mars-terraforming (21.09.2018).

Die NASA arbeitet aktuell am *Mars-Ecopoiesis-Test-Bed*-Konzept. Hierbei geht es um die Kreation eines Ökosystems, welche das Leben unterstützen würde und zunächst intensiv im Labor getestet werden soll, bevor dies eines Tages auf dem Marsboden zum Einsatz kommen soll.[13]

Die Kolonisierung der Venus

Auf der Venus dauert ein Tag, sprich die Rotation um die eigene Achse, länger als ein Umlauf um die Sonne, zudem rotiert diese retrograd. Das heißt, die Sonne geht im Westen auf- und im Osten unter. Aber dies sind nicht die einzigen Besonderheiten, denn eine Kolonisierung der Venus wäre deutlich schwieriger als beim Mars oder Mond, und um diesen Planeten überhaupt nutzbar zu machen, müsste man seine extrem dichte Kohlenstoffdioxidatmosphäre (CO_2) in den Griff bekommen, die mit 462 °C so heiß ist, dass Blei schmelzen würde. Hinzu kommt, dass wir dank der Venus-Express-Sonde wissen, dass die Wolken auf der Venus mit 400 km/h um den Planeten ziehen und dass es zu häufigen Blitzentladungen kommt.[14,15]

Aber es gibt auch mehrere Vorteile. So besteht die Möglichkeit, das Kohlenstoffdioxid aufzuspalten, um den notwendigen Sauerstoff zu gewinnen. Ferner kommt die Venus der Erde deutlich näher als der Mars, weshalb die Reisezeit dorthin wesentlich kürzer wäre. Außerdem besitzt die Venus 90 % der Schwerkraft der Erde, und dies ist der vorteilhafteste Wert aller Körper unseres Sonnensystems. Deshalb ist es nicht unmöglich, die Venus zu kolonisieren, sondern die Hürden sind nur höher.

In einem ersten Schritt gibt es die Idee, u. a. vom Langley Research Center der NASA[16,17], zunächst nur die obere Atmosphäre des Planeten für die Menschheit zu erschließen. Das High Altitude Venus Operational Concept (HAVOC) basiert darauf, in einem ersten Schritt mit autonomen Luftschiffen die obere Venusatmosphäre zu erkunden. In einer späteren Phase könnten dann größere Luftschiffe bemannt werden, um für einen Monat oder ein Jahr durch die Lüfte zu segeln, bevor riesige Luftschiffe zu einem permanenten Heim für Menschen werden. Da diese Luftschiffe über den

[13]https://www.nasa.gov/content/mars-ecopoiesis-test-bed (12.09.2018).
[14]http://www.esa.int/Our_Activities/Space_Science/Venus_Express/The_fast_winds_of_Venus_are_getting_faster (07.09.2018).
[15]https://www.nasa.gov/vision/universe/solarsystem/venus-20071128.html (07.09.2018).
[16]https://www.youtube.com/watch?v=0az7DEwG68A (23.11.2017).
[17]https://ntrs.nasa.gov/search.jsp?R=20160006329 (23.11.2017).

Wolken schweben würden und die Venus wesentlich näher an der Sonne ist, wäre die Energieausbeute mittels Solarpaneelen vielversprechend.

Aber für eine langfristige Lösung wäre ein Terraforming zwingend. Den ersten wissenschaftlichen Artikel hierzu schrieb 1961 Carl Sagan. Darin schlug er vor, künstlich erzeugte Mikroorganismen in die oberen Wolkenschichten der Venus auszusetzen, die das Kohlendioxid, den Stickstoff und das Wasser aus der Atmosphäre abziehen und in organische Moleküle verwandeln. Die Umwandlung des Kohlendioxids hätte zur Folge, dass sich der Treibhauseffekt abschwächt und die Oberflächentemperatur sinkt. Die Mikroben könnten zur Oberfläche sinken und dort verdampfen, sodass Wasserdampf aufsteigen könnte, und der Kohlenstoff aus dem CO_2 würde sehr wahrscheinlich in Graphit verwandelt werden. Somit würde die Venusoberfläche ihr heutiges Gesicht verlieren und bewohnbar werden. Doch ging Carl Sagan noch davon aus, dass der Druck auf der Venus nur ein paar Bar betragen würde. Heute wissen wir es besser, denn dank unserer Raumsonden, die zum Schwesterplaneten der Erde geflogen sind, wissen wir, dass auf der Oberfläche der Venus etwa 90 bar herrschen und somit dieser ehrgeizige Plan nicht funktionieren würde, da der Sauerstoff und der Kohlenstoff bei diesen Drücken wieder zu CO_2 verwandelt werden würden. Das größte Problem der Venus ist nämlich ihr selbst verstärkender Treibhauseffekt, der eine so dichte Atmosphäre zur Folge hat (Sagan 1996, S. 355–356).

Robert Zubrin hat eine andere Idee ins Spiel gebracht. Durch ein riesiges Sonnensegel könnte die Venus vom Sonnenlicht abgeschnitten werden. Dieses könnte an einem der Lagrange-Punkte zwischen Venus und Sonne platziert werden. Zubrin schätzt, dass auf diese Weise 90 % des Sonnenlichts geblockt werden könnte und die CO_2-Atmosphäre der Venus innerhalb von 200 Jahren zu Trockeneis gefrieren würde. So könnte man die Oberflächentemperatur auf einen akzeptablen Temperaturbereich herunterkühlen. Allerdings würde dieses Vorgehen ein gigantisches Sonnensegel benötigen, das, wenn es auch nur einen Mikrometer dick ist, immer noch Millionen von Tonnen an Material benötigen würde. Zudem würde hierdurch das größte Problem nicht gelöst werden, denn die Venus ist einfach zu trocken, um erfolgreich terraformt zu werden (Zubrin 2000, S. 229).

Doch gibt es meiner Meinung nach hierfür eine Lösung. In ferner Zukunft könnte die Venus durch umgelenkte Asteroiden und Kometen bombardiert werden, da dies auch einen Teil der dichten Atmosphäre wegsprengen würde und der Mars womöglich so seine Atmosphäre verloren hat. Aber insbesondere die Kometen würden dem Planeten etwas hinzufügen, das heutzutage nur noch in Spuren vorhanden ist, nämlich das Wasser. Dabei war dies in der Vergangenheit wahrscheinlich vorhanden und die

Venus deutlich lebensfreundlicher als heute, wie Computersimulationen vom
NASA's Goddard Institute for Space Studies (GISS) zeigen. Doch könnte der
geringere Abstand zur Sonne dazu geführt haben, dass das Venuswasser ver-
dunstete, diese Moleküle von der ultravioletten Strahlung aufgebrochen worden sind und der Wasserstoff ins All entwich. Dies wurde womöglich dadurch
begünstigt, dass die Venus zwar ein Magnetfeld hat, das aufgrund der lang-
samen Rotation der Dynamoeffekt aber nicht sehr ausgeprägt ist, und dass die
Magnetfeldstärke nur einem Bruchteil der irdischen entspricht. Wodurch ein
Teufelskreis in Gang gesetzt worden sein könnte, bei dem sich die Sauerstoff-
moleküle mit dem Kohlenstoff der Venusoberfläche verbunden haben, sodass
der Treibhauseffekt eingesetzt hat (Sagan 1996, S. 358).[18]

Asteroidenmining

Zwischen den Planeten Mars und Jupiter befindet sich der Asteroidengürtel. Hier lagern gigantische Mengen an Rohstoffen, und der Abbau dieser Rohstoffe könnte den Frieden auf der Erde sichern, denn statt sich um
die immer knapper werdenden Ressourcen auf der Erde zu streiten, könnte
man diese gemeinschaftlich abbauen. Dies gilt insbesondere für die Selte-
nen Erden, die zwar gar nicht so selten sind, dafür aber immer wichtiger
werden.

Insbesondere Dandridge Cole (1921–1965) schrieb hierüber 1963
mehrere Artikel wie „$50,000,000,000,000 from the Asteroids" oder
das Buch „Islands in Space: The Challenge of the Planetoids" (1964) und
erzeugte so für die Idee des Abbaus von Asteroiden größere Aufmerksamkeit. Heutzutage ist dieses Thema aktueller denn je, und der erste Billionär
der Menschheitsgeschichte wird wahrscheinlich ein Unternehmer sein, der
Asteroidenabbau betreibt.

Verschiedene Länder haben bereits Initiativen gestartet, und in den
letzten Jahren wurden mehrere Firmen zu diesem Zweck gegründet. Die
bekanntesten sind die amerikanischen Firmen Planetary Resource (2009),
die u. a. von den Google-Gründern Larry Page und Sergey Brin unterstützt
wird, und Deep Space Industries (2013). Im Jahr 2015 wurde zudem in
den USA der *Commercial Space Launch Competitiveness Act* erlassen, welcher es US-Bürgern explizit erlaubt, die kommerzielle Erforschung und

[18]https://www.nasa.gov/feature/goddard/2016/nasa-climate-modeling-suggests-venus-may-ha-
ve-been-habitable (07.09.2018).

Erschließung von Ressourcen im Weltraum voranzutreiben. Allerdings mit der Einschränkung, dass dies nicht für biologisches Leben gilt.

Im September 2016 schickte die NASA die 2,1 t schwere Sonde Rex Osiris zum Asteroiden Bennu, um Proben von diesem aufzusaugen und diese im Jahr 2023 wieder zur Erde zu bringen.

Ein Vorteil bei der Landung auf einem Asteroiden ist, dass aufgrund der niedrigen Schwerkraft nur wenig Treibstoff nötig ist, und deswegen ist eine solche Mission günstiger als die Reise zu einem Mond oder Planeten unseres Sonnensystems. Die niedrige Schwerkraft ist ferner der Grund für die unregelmäßige und nicht runde Form von Asteroiden.

Doch nicht alle Rohstoffe, die auf Asteroiden zu finden sind, lohnen sich, zur Erde transportiert zu werden. Elemente wie Wasserstoff und Sauerstoff, aber auch Eisen und Nickel könnten wesentlich wertvoller im All eingesetzt werden. Für den Einsatz als Raketentreibstoff, zur Wassergewinnung oder für den Aufbau einer permanenten Weltraumstation. Für Gold und Platin gilt dies nicht. Diese beiden Edelmetalle wären auf der Erde wertvoll genug, damit sich der Aufwand lohnt.

Eine interessante Idee ist, dass ein ausgehöhlter Asteroid als Raumstation dienen könnte, da man so einen natürlichen Schutz vor der Strahlung hätte und die Baumaterialien praktischerweise schon vor Ort vorhanden wären.

Durch das Auftauchen der interstellaren Asteroiden 2015 BZ509[19] und Oumuamua[20] gibt es noch eine weitere Gelegenheit, Asteroiden zu nutzen, und zwar als Transportmittel in ein anderes Sonnensystem. Allerdings könnte man den Kurs nicht frei wählen, sondern wäre von der Reiseroute des Asteroiden abhängig.

Die Erschließung des äußeren Sonnensystems

Nachdem man das innere Sonnensystem erschlossen hat, könnte man weiter vorstoßen. Zwar bieten sich die Gasriesen nicht als Wohnort für Menschen an, aber auf deren Monden könnte man es sich gemütlich machen.

Allerdings sind auch die Gasriesen wirtschaftlich nicht uninteressant, denn man könnte dort den begehrten Rohstoff Helium-3 aus der Atmosphäre gewinnen, und insbesondere Jupiter besitzt größere Mengen davon.

---

[19]https://www.spektrum.de/news/ein-interstellarer-asteroid-im-sonnensystem/1565882 (20.09.2018).
[20]http://www.spiegel.de/wissenschaft/weltall/interstellares-objekt-oumuamua-abweichung-von-der-bahn-a-1215384.html (20.09.2018).

Die mögliche Erforschung des Lebens auf dem Jupitermond Europa

Der Jupitermond Europa (Abb. 8.4) wird im nächsten Jahrzehnt Besuch von der Erde bekommen, und zwar durch die Sonde Europa Clipper. Diese wird zwar nicht auf Europa landen, sondern mehrere Vorbeiflüge am Mond machen, ist aber in der Lage, nähere Informationen über die Beschaffenheit dieses Mondes zu liefern. Aufgrund der Magnetosphäre des Jupiters und der dort herrschenden hohen Strahlung, ist die Sonde besonders strahlungsresistent. Ferner könnte mit dem *Surface Dust Mass Analyzer* (SUDA) an Bord bei einem Vorbeiflug nach Spuren von Leben gesucht werden.

Sollte es sich bewahrheiten, dass es einen flüssigen Ozean unter der Eiskruste des Jupitermondes gibt, wird es im Anschluss an den Europa Clipper auch einen Europa Lander geben. Dieser könnte dann letztendlich Gewissheit bringen, ob es auf Europa außerirdisches Leben gibt. Sollte dies der Fall sein, wird es früher oder später in diesem Jahrhundert zudem eine bemannte Mission zu Europa geben, um dieses Leben zu erforschen.

Eine solche Mission würde uns vor technisch ganz neue Herausforderungen stellen und ist nicht vergleichbar mit einer Reise zum Erdmond oder den inneren Planeten unseres Sonnensystems. Die beiden Voyager-Sonden brauchten zwei Jahre für ihre Reise zum größten Planeten unseres Sonnensystems, und beide hatten nicht vor, zur Erde zurückzukehren.

Wenn man dort angekommen ist und erfolgreich auf dem Jupitermond Europa gelandet ist, muss man sich erst einmal durch eine Kilometer dicke Eisschicht bohren oder schmelzen, um überhaupt Zugang zu dem potenziellen Ozean zu bekommen. Aufgrund der großen Entfernung zur Sonne fallen Solarpaneele zur Energieversorgung aus, weswegen auf eine

Abb. 8.4 Künstlerische Darstellung der Oberfläche von Europa

Radionuklidbatterie zurückgegriffen werden muss. Zudem wäre der Untergrund wahrscheinlich alles andere als stabil, da aufgrund der Gezeitenkräfte die Eisschicht permanent in Bewegung wäre und jederzeit Eisspalten auftreten könnten.

Eine andere Gefahr entsteht durch die starken Gravitationskräfte des Jupiters, denn dieser wirkt wie ein Staubsauger auf vorbeifliegende Objekte und zieht Asteroiden förmlich an sich, weshalb diese auf ihm oder seinen Monden niedergehen.

Allerdings wäre dies meiner Meinung nach die Mühen und Risiken Wert, da die Erforschung potenziellen außerirdischen Lebens unsere Sichtweise entscheidend ändern würde.

Kolonisierung des Saturnmonds Titan

Ein weiterer „heißer" – und dies ist bei den dort vorherrschenden eisigen Temperaturen ein Wortspiel – Kandidat für menschliche Besucher ist der Saturnmond Titan, denn auf ihm ist es so kalt, dass es sehr wahrscheinlich Kryovulkanismus gibt.

Titan ist größer als der Planet Merkur. Er ist einer der wenigen Himmelskörper und der einzige Mond in unserem Sonnensystem, der eine dichte Atmosphäre besitzt. Diese besteht größtenteils aus Stickstoff (98,4 %) mit einem kleinen Anteil an Methan (1,4 %) und Spuren anderer Gase. Diese ist somit der Atmosphäre der Urerde nicht unähnlich, bevor es den Sauerstoff gab.

Vor der Cassini-Huygens-Mission im Januar 2005 existierten nicht viele gesicherte Fakten über den zweitgrößten Mond im Sonnensystem, da der ganze Mond von einem orangefarbenen Dunstschleier umhüllt ist, den optische Wellenlängen nicht durchdringen können.

Schon die ersten Cassini-Radarbilder enthüllten helle (Hochebenen) und dunkle Flächen (tiefer gelegene Gebiete) auf Titan, und bereits während des Gleitens von Huygens am Fallschirm wurden die ersten Daten und Bilder gesammelt, die zeigten, dass dieser Saturnmond eine außergewöhnliche Welt ist.

Huygens landete in einem dunklen Gebiet und fand am Landplatz verstreut Wassereis in der Größe von Kieselsteinen bis hin zu einige Zentimetern Durchmesser große Objekte. Außerdem brachte eine Bodenanalyse ans Licht, dass hier die Oberfläche die gleiche Konsistenz wie nasser Sand hat. Zudem gibt es auf ihm größere Mengen an Kohlenwasserstoffen, wie Ethan und Methan, in flüssiger Form an der Oberfläche.

Ferner waren die Windverhältnisse auf Titan eine Überraschung. So wehen in einer Höhe von 120 km Winde hauptsächlich in Richtung Titans Rotation von West nach Ost, mit Windgeschwindigkeiten von 450 km/h. Dabei nimmt die Windgeschwindigkeit mit niedrigeren Höhen ab und wechselt sogar dicht über der Oberfläche die Richtung. Ungewöhnlich starke Windstöße wurden dabei in Höhen zwischen 100 und 60 km entdeckt.

Außerdem überraschte Huygens die Wissenschaftler durch die Entdeckung einer zweiten niedrigeren ionosphärischen Schicht zwischen 140 und 40 km. Mit einer elektrischen Leitfähigkeit nahe von 60 km, wo die Instrumente von Huygens auch Spuren von Blitzen entdeckten.

Entgegen den Vermutungen erstreckt sich der Dunstschleier bis kurz über der Oberfläche, zuvor ging man nämlich davon aus, dass die untere Stratosphäre keinen Dunst mehr enthält. Glücklicherweise war ab 40 km Höhe der Dunst aber nicht mehr so stark, weshalb ab hier erste Bilder aufgenommen werden konnten.

Die Huygens-Daten bestätigten zudem die Existenz von komplexen organischen Verbindungen, die Ähnlichkeit zu den Lebensbausteinen auf der Erde haben. Zudem wurde bestätigt, dass der Atmosphärendruck 1,46 bar beträgt und somit nur 46 % höher ist als auf der Erde.

Ein Terraformen wäre möglich, allerdings wäre dies aufwendig, und Titan ist auch so ein lohnendes Ziel. Man könnte die Kohlenwasserstoffe automatisch abbauen, während Menschen allenfalls in einer Kolonie über der dichten Atmosphäre leben könnten. Das größte Hindernis, Titan umzuwandeln, ist die geringe Ausbeute an Sonnenlicht, denn dieser bekommt nur 1 % des Sonnenlichts der Erde ab.

Literatur

Sagan, C. (1996). *Blauer Punkt im All*. München: Droemer Knaur.
Zubrin, R. (2000). *Entering space – Creating a spacefaring civilization*. New York: Tarcher Penguin.

9

Erforschung des Weltalls

Wenn es Schiffe gibt, die die Leere zwischen den Sternen durchsegeln,
dann wird es Menschen geben, die auf ihnen fahren.
JOHANNES KEPLER (1571–1630)

Wenn die Menschheit gelernt hat, im Sonnensystem Fuß zu fassen, wird man früher oder später auch diese Grenze hinter sich lassen und unser Sonnensystem zum ersten Mal verlassen. Dafür ist eine Geschwindigkeit von 42,1 km/s (151.560 km/h) nötig. Welche Technologien dabei zum Einsatz kommen, bleibt der Fantasie überlassen, aber ich bin mir sicher, dass man es versuchen wird, auch wenn dies wohl nicht mehr in diesem Jahrhundert passieren wird. Doch könnte die Notwendigkeit, dies zu tun, eines Tages dramatisch beschleunigt werden, etwa wenn unser Sonnensystem auf ein schwarzes Loch trifft und verspeist zu werden droht (Abb. 9.1).

Bis dahin werden wir sicherlich mehr (z. B. durch das Euclid-Weltraumteleskop) über die Beschaffenheit des Universums gelernt haben. Denn dank dem Planck-Satelliten wissen wir, dass es nur zu ca. 4,9 % aus normaler Materie besteht, aber zu 26,8 % aus dunkle Materie und zu nicht weniger als 68,3 % aus dunkler Energie. Dabei wissen wir bislang nur, dass es die dunkle Energie geben muss – diese benötigt man, um die beschleunigte Expansion des Universums zu erklären –, nicht aber, woraus sie besteht. Von der dunklen Materie hingegen weiß man, dass sie über die Gravitation auf normale Materie wirkt, doch ob es sich um sich langsam bewegende

© Springer-Verlag GmbH Deutschland, ein Teil von Springer Nature 2019
S. Piper, *Space – Die Zukunft liegt im All,* https://doi.org/10.1007/978-3-662-59004-1_9

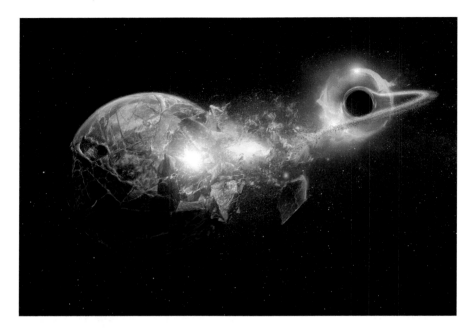

Abb. 9.1   Künstlerische Darstellung eines schwarzen Lochs, das die Erde verschluckt

schwach wechselwirkende Teilchen, eine Supraflüssigkeit oder gar um Materie aus einem Paralleluniversum handelt, ist völlig offen. Ohne sie könnte man die Bewegung von Sternen in einer Galaxie nicht erklären.[1]

In unserer Galaxis, der Milchstraße (Abb. 9.2), gibt es etwa 200 Mrd. Sterne, und viele davon könnten Planeten beherbergen, zu denen man reisen könnte. Auch die Menschen vor etwa 50.000 Jahren standen vor gewaltigen Problemen, dennoch ließen sie sich von diesen nicht abhalten und besiedelten zu dieser Zeit von Südostasien aus über das Meer Australien. Ferner schreckten die Polynesier um ca. 1500 v. Chr. nicht davor zurück, auf ihren kleinen Booten den riesigen Pazifik zu durchqueren.

Menschen, welche fremde Planetensysteme besiedeln wollen, würden ebenso vor einer großen Leere stehen und von der Hoffnung auf ein besseres Leben angetrieben werden. Hinzu kommt, dass eine interstellare Sonde oder ein Raumschiff auf der Hälfte des Weges kontinuierlich oder kurz vor dem Eintreffen im neuen Sonnensystem massiv abgebremst werden müsste, um in eine Umlaufbahn um einen Stern einschwenken zu können, von dem Eintritt

---

[1]https://www.spektrum.de/news/ist-die-dunkle-materie-eine-suprafluessigkeit/1516.463?fbclid=IwA-R1LkBFFXzK8rRFXE4EbRPnW1Ve7l7U3O3QbWmDWHyP3qUE6dhKU5xcwQE0 (31.12.2018).

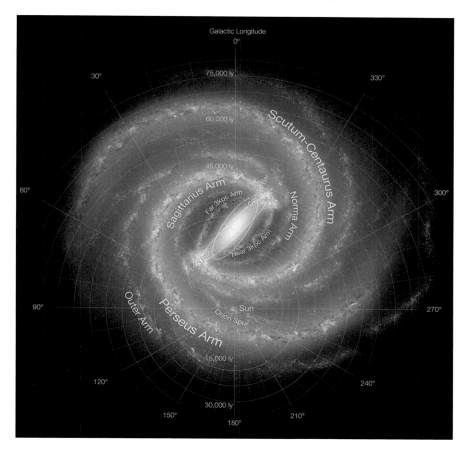

Abb. 9.2 Künstlerische Darstellung einer Karte der Milchstraße

in einen Orbit um einen Exoplaneten ganz zu schweigen. Dafür bräuchte man mit konventionellen Antrieben viel Treibstoff, der die ganze Zeit mitgeführt werden müsste. Dies macht eine solche Mission nicht nur massereich, sondern auch teuer und schwer umsetzbar. Deswegen wird ein solches Unterfangen meiner Meinung nach nicht ohne Fusions- oder Antimaterieantrieb gelingen.

Generationenraumschiff

Damit man die riesigen Distanzen im Universum überbrücken kann, selbst wenn man nur mit einem Bruchteil der Lichtgeschwindigkeit fliegt, ist es möglich, dass die Kolonisten, welche das Raumschiff betreten, nicht die sein werden, welche es auch verlassen, sondern dass diese Aufgabe deren Nachkommen zufällt. Aktuell beschäftigt sich hiermit das „100 Year Spaceship" der DARPA.[2]

Dabei kann man die Ursprünge der Idee bis zum Physiker John Desmond Bernal zurückverfolgen, der im Jahr 1929 in seiner Veröffentlichung „The World, the Flesh & the Devil" die Idee der *Bernal Sphere* publizierte. Hierbei handelte es sich um größere Habitate für 20.000–30.000 Menschen. Diese wären ähnlich aufgebaut wie ein O'Neill-Zylinder, aber deutlich kleiner und könnten deshalb auf eine Reise zu einem benachbarten Sternensystem geschickt werden.

Jahrzehnte später war es Arthur C. Clarke, welcher diese Idee in seinem Science-Fiction-Buch „Rendezvous with Rama" (Rendezvous mit 31/439) aufgriff. Hierbei ging es jedoch um ein außerirdisches Generationenraumschiff, das in unserem Sonnensystem auftauchte.

Allerdings hätte man riesige technische Herausforderungen. So bräuchte man in jedem Fall eine erdähnliche künstliche Schwerkraft und es müsste gelingen die tödliche kosmische Strahlung durch Schilde komplett abzuschirmen, sonst würde die Besatzung nach einiger Zeit im All unter der Strahlenkrankheit leiden.

Des Weiteren müsste ein solches Schiff die anspruchsvollen menschlichen Bedürfnisse erfüllen, denn die Menschen wären über Jahre oder Jahrzehnte in einem begrenzten Raum eingeschlossen. Es würde unter den Kolonisten Spannungen geben, und die Menschen müssten natürlich auch während der gesamten Reise versorgt und unterhalten werden. Außerdem gibt es noch eine andere Herausforderung, denn die Kolonisten, welche an Bord gehen würden, wären sicherlich gut ausgewählt und hervorragend ausgebildet, doch ob dies auch für deren Nachkommen gelten würde, darf zumindest infrage gestellt werden.

Das Einfrieren von Astronauten

Deswegen könnte es hilfreich sein, die Astronauten einzufrieren (Kryonik). Somit würde man viele Probleme, die eine solche Reise verursachen würde, elegant lösen. Denn die Astronauten würden während der gesamten Reise schlafen und erst am Zielort aufgeweckt werden. Allerdings würden sie altern, sofern man es nicht mittels Nanotechnologie schafft, ihre Zellen

---

[2]http://www.spiegel.de/wissenschaft/weltall/0,1518,769.576,00.html (06.08.2018).

regelmäßig zu erneuern und den Alterungsprozess zu stoppen bzw. massiv zu verlangsamen.

Heutzutage können manche Fischarten eingefroren und anschießend schadlos wieder aufgetaut werden, da ihr Blut Glukose enthält, das als Frostschutzmittel wirkt und ein Erfrieren der Zellen verhindert. Selbst wenn deren Körpertemperatur unter dem Gefrierpunkt liegt. Zukünftig wird es sicherlich auch möglich sein, Menschen einzufrieren. Allerdings würden diese ein großes Raumschiff benötigen, das hauptsächlich aus Hunderten oder Tausenden von Kryostasekammern besteht. Zudem müsste das Raumschiff automatisch fliegen und alle auftauchenden Probleme während der Reise selbst lösen sowie die notwendigen Wartungsprozeduren selbst durchführen. Deswegen geht es nicht ohne eine fortschrittliche künstliche Intelligenz.

Neumann-Sonden

Eine andere Möglichkeit wäre, selbst replizierende Von-Neumann-Sonden auf den Weg zu schicken. Diese wurden nach dem ungarisch-amerikanischen Mathematiker John von Neumann (1903–1957) benannt, welcher sich bereits in den 1950er Jahren mit selbst replizierenden Automaten beschäftigte. Von-Neumann-Sonden könnten auf unbewohnten Planeten und Monden landen und sich dort ausbreiten, indem sie aus den vorhandenen Rohstoffen zunächst Kopien ihrer selbst erschaffen und sich anschließend um den Aufbau einer Infrastruktur für eine Kolonie kümmern. So könnte alles für die Ankunft menschlicher Kolonisten vorbereitet werden, bevor auch nur ein Mensch eine fremde Welt betreten hätte.

Seed Ship

Ferner wäre es möglich, dass die Neumann-Sonden bereits befruchtete und eingefrorene Eizellen auf ihre Reise mitnehmen. Dadurch würde nur ein kleines und weniger komplexes Raumschiff erforderlich sein und die befruchteten Eizellen könnten am Zielplaneten aufgetaut werden. Die hieraus resultierenden menschlichen Embryonen könnten in einer künstlichen Gebärmutter auf natürliche Weise heranwachsen und geboren werden. Allerdings würden diese ohne ihre biologischen Eltern aufwachsen und könnten allenfalls von Robotern betreut werden.

Bewusstseinstransfer

Außerdem wäre denkbar, dass Menschen nicht selbst zu dem Ziel reisen, sondern dass lediglich ihr Bewusstsein transportiert und vor Ort in eine leere Hülle geladen wird. In der Science-Fiction-Literatur ist dieser *Mind uploading*-Prozess weit verbreitet. Das menschliche Gehirn besteht aus Milliarden von Nervenzellen, die durch Synapsen miteinander kommunizieren, und dies könnte in Zukunft elektronisch oder biologisch am Zielort nachgebaut werden, sodass das menschliche Bewusstsein mit Lichtgeschwindigkeit von der Erde zu einem entfernten Planeten reisen könnte, ohne dass man sich mit den negativen Auswirkungen eines Raumflugs überhaupt beschäftigen muss.

Dies wirft eine interessante Frage auf. Wie weit werden Menschen zukünftig mit der Technologie verschmelzen, und wie lange wird man biologisches Leben von künstlichem Leben strikt trennen können?

Transhumanismus

Schon heute beschäftigt man sich mit der philosophischen Denkrichtung des Transhumanismus. Wenn jemand durch einen Unfall ein Arm oder Bein verliert, kann dieses Körperteil durch eine Prothese ersetzt werden, und man gewinnt dadurch einen großen Teil seiner Bewegungsfreiheit und Lebensqualität zurück. Doch schon bald könnten nicht nur Gliedmaßen ersetzt, sondern Sinnesorgane und innere Organe durch Technologie verbessert oder ausgetauscht werden. Es wäre also möglich, dass sich Menschen bewusst dazu entscheiden, ihren Körper zu optimieren, und dies weitreichender, als es auf natürliche Weise möglich wäre. Ein Atmungssystem, das Kohlenstoffdioxid einatmet und den Sauerstoff herausfiltert oder Nanozellen, welche strahlengeschädigtes Erbgut automatisch reparieren würden, wären hierfür nur zwei Beispiele. So könnten Menschen sowohl für die interstellare Reise als auch für den Zielort bewusst „optimiert" werden.

Ich selber hege aber die Hoffnung, dass man zukünftig weniger die Menschen und mehr die Antriebssysteme sowie deren Energieversorgung optimiert.

Kolonien im Weltraum

Seit den ersten Entdeckungen von extrasolaren Planeten in den 1990er-Jahren haben wir bis heute mehrere Tausend Planeten entdeckt. Zwar sind die überwiegende Mehrzahl dieser Planeten Gasgiganten, doch entdecken wir immer öfter auch terrestrische *Supererden*. Zudem ist die Vielfalt der Exoplaneten größer als bei den Sternen.

Dank einer immer besser werdenden Technik werden wir schon bald in der Lage sein, nicht nur kleine Planeten wie die Erde zu entdecken, sondern auch gleich deren Atmosphäre auf die sogenannten Biosignaturen hin zu analysieren. Neben den Bahnparametern, wie dem Abstand und der Umlaufzeit um den Stern, sind die Atmosphärenwerte sehr wichtig für die Einschätzung, ob Leben, so wie wir es kennen, auf diesem Planeten möglich ist oder nicht.

Wenn ein felsiger Planet in der lebensfreundlichen Zone um einen Stern entdeckt wurde, auf dem die Temperaturen flüssiges Wasser ermöglichen, und das Spektrum der Atmosphäre Sauerstoff, Kohlenstoffdioxid und vielleicht sogar Methan beinhaltet, ist es möglich, wenn nicht sogar wahrscheinlich, dass diese Welt lebensfreundlich ist.

Aber so gut unsere Teleskope auch sein mögen, den definitiven Beweis für die Lebensfreundlichkeit einer fremden Welt wird erst eine unbemannte Sonde erbringen, die zum Zielplaneten ausgesandt wird, um diesen aus der Nähe zu erforschen.

Sobald die ersten Kandidaten erforscht worden sind, könnte es die ersten menschlichen Abenteurer geben, welche aus den unterschiedlichsten Gründen die Erde oder unser Sonnensystem verlassen wollen, um woanders zu leben.

Ein großes technisches Problem wäre die Kommunikation mit einem menschlichen Außenposten in einem anderen Sonnensystem. Denn eine Nachricht würde mit Lichtgeschwindigkeit Jahre benötigen und die Antwort ebenso. Zudem würden Radiowellen nur auf wenige Lichtjahre funktionieren, da sonst die Signale mit dem kosmischen Hintergrundrauschen verschmelzen.

Deshalb muss man sich etwas einfallen lassen, und es gibt ein verrücktes Phänomen der Quantenmechanik, das womöglich funktionieren würde – die Quantenverschränkung. Einstein bezeichnete diese einmal als „spukhafte Fernwirkung" und war kein Anhänger diese Theorie. Doch dies war eine der wenigen Gelegenheiten, bei der das Genie falsch lag. Erklärt werden kann diese nur durch die Nichtlokalität, dies bedeutet, dass die Messung des einen Teilchens die Eigenschaft des anderen Teilchens festlegt und ein Objekt somit nicht von seiner unmittelbaren Umgebung beeinflusst wird, sondern aus der Ferne. Die Quantenverschränkung steht damit im Widerspruch zu der klassischen Physik.[3]

Dabei wurde bei Experimenten auf der Erde gezeigt, dass die Entfernung zwischen den verschränkten Quanten keine Rolle spielt. Allerdings scheint es für den hypothetischen Einfluss eine Geschwindigkeitsgrenze von dem 10.000-Fachen der Lichtgeschwindigkeit zu geben, wie Experimente des Physikers Nicolas Gisin gezeigt haben.[4]

---

[3]http://www.spiegel.de/wissenschaft/natur/albert-einstein-und-die-quantentheorie-wo-das-genie-falsch-lag-a-1133.669.html (08.08.2018).
[4]https://www.nature.com/articles/nature07.121 (08.10.2018).

10

Zukunft im All

Man muss das Unmögliche versuchen, um das Mögliche zu erreichen.
HERMANN HESSE (1877–1962)

Bleibt die Frage, ob die Menschheit überhaupt zu den Sternen aufbrechen sollte. Unserem momentanen Entwicklungsstand nach wohl eher nicht, denn in unserem religiösen Eifer, unserer kriegerischen Natur und unserer maßlosen Selbstüberschätzung sind wir noch weit davon entfernt, so reif zu sein, um zu den Sternen zu reisen. Wenn man allein die abrahamitischen Religionen betrachtet, haben diese sehr viele Gemeinsamkeiten, sind aber dennoch verschieden genug, dass sich ihre Anhänger seit Jahrhunderten meist gegenseitig, aber auch untereinander die Köpfe einschlagen.

Außerdem bezweifle ich, dass man einem intelligenten Außerirdischen sinnvoll erklären könnte, warum zu Beginn des 21. Jahrhunderts auf unserem Planeten über eine Milliarde Menschen an Hunger leidet, viele Menschen keinen Zugang zu sauberem Wasser haben, wir aber vornehmlich unsere Energie in die Rettung „notleidender Banken" investieren.

Zudem gibt es eine ganze Reihe ethischer Fragen, die bedacht werden müssen. Ist es Menschen zumutbar, mit relativistischer Geschwindigkeit durch das Universum zu reisen? Bei ihrer Rückkehr wären alle Freunde und Verwandte längst tot, und sie könnten ihre eignen Ururur…enkel besuchen. Ist es vertretbar, intelligente Nanomaschinen, welche sich selbst reproduzieren können, in andere Sonnensysteme zu schicken? Oder Menschen zu einem Planeten reisen zu lassen, auf dem es schon Leben, vielleicht sogar, intelligentes Leben gibt? Und wie verhalten sich dann unsere

© Springer-Verlag GmbH Deutschland, ein Teil von Springer Nature 2019
S. Piper, *Space – Die Zukunft liegt im All*, https://doi.org/10.1007/978-3-662-59004-1_10

Nachfahren? Die menschliche Geschichte ist hierfür leider ein schlechtes Beispiel. Denn die Geschichte zeigt, dass immer dann, wenn technisch höherentwickelte Völker auf nicht so weit fortgeschrittene Völker getroffen sind, letztere alles andere als fair behandelt wurden.

Bereits in meinem ersten Buch widmete ich mich in Kap. 9 „Leben im Universum" der Thematik, dass Menschen und Affen dieselben Vorfahren haben, dennoch besitzen Letztere nicht einmal fundamentale Grundrechte wie das Recht zu leben. Wie würden sich Menschen wohl gegenüber Lebewesen verhalten, mit denen sie nicht genetisch verwandt sind?

Ein anderes moralisches Dilemma wirft das Terraforming auf. Es ist zwar keine Bedingung für menschliches Leben auf anderen Planeten, doch könnte es die Lebensqualität deutlich erhöhen. Was wäre, wenn sich auf dem Zielplaneten auf natürliche Weise Leben entwickeln könnte oder wenn sogar schon Mikroben existieren würden, welche perfekt auf die Bedingungen des Planeten angepasst wären, diese aber für menschliches Leben schädlich wären? Hätten wir das Recht diese Mikroben auszulöschen, um deren Planeten nach unseren Vorstellungen zu formen? Und wo zieht man da die Grenze? Dürfen nur Planeten umgewandelt werden, die zwar noch kein Leben, aber dessen Grundbausteine enthalten, oder dürfen selbst Planeten umgewandelt werden, welche einfache Lebensformen beherbergen, und wie sieht es dann mit einer Welt aus, auf der komplexere Lebensformen existieren?

Eine andere Frage betrifft unser Selbstverständnis. Wie lange sehen wir uns als Menschen und wie lange sehen wir die Erde als unsere Heimat an? Selbst heutzutage definieren sich viele Menschen über den Ort, wo sie geboren wurden. Dabei spielt ein Überlegenheitsgefühl und manchmal sogar Rassismus gegenüber anderen Menschen eine Rolle, die eben auf einem anderen Fleck unseres Planeten geboren wurden. Wie viele Generationen lang wird es wohl dauern, bis sich ein Mensch, der auf dem Mars geboren wurde, in erster Linie als Marsianer sieht und nicht mehr als Erdling?

Außerdem werden Menschen, die auf anderen Planeten geboren werden, spezielle Bedürfnisse und womöglich eine andere Sozialstruktur haben. Schließlich haben die Umgebungsbedingungen auf die evolutionäre Weiterentwicklung einen großen Einfluss. Es wird sicherlich nicht viele Generationen dauern, bis neugeborene Mars-Kinder sich den dortigen Schwerkraftbedingungen angepasst haben und eine schwächere Knochenstruktur besitzen. Sie werden außerdem mit weniger Sonnenlicht auskommen, einfach deswegen, weil der Mars weiter von der Sonne entfernt ist als die Erde. Außerdem könnten Menschen bewusst ihre Gene verändern, um sich den Lebensbedingungen auf einem anderen Planeten besser anzupassen.

Welche Staatsform werden Menschen auf fremden Planeten haben?

Auf der Erde hat sich in den meisten Ländern die Demokratie durchgesetzt, und hier insbesondere die parlamentarische Demokratie. Nur könnten Parlamentarier von anderen Planeten nicht so einfach zu den Sitzungen anreisen, und selbst mit Lichtgeschwindigkeit hätten die Signale eine Verzögerung von einigen Minuten (z. B. vom Mars) bis hin zu Stunden (z. B. vom Saturnmond Titan). Wenn jedoch über die Köpfe der Menschen aus der Ferne hinweggeregiert wurde, endete dies in der Vergangenheit oft genug in einem Aufstand.

Vegetarismus

Wernher von Braun schrieb in seinen Buch „Space Frontier", dass zukünftige Raumstationen für biologische Experimente auch mit Mäusen, Meerschweinchen und Rhesus Affen ausgestattet sein könnten und dass die Wohnräume der Besatzung wegen der Geruchsbelästigung weiter entfernt sein sollten (Braun 1971, S. 127–128). Nun, Tierversuche an sich sind auf der Erde schon moralisch fragwürdig und würden sicherlich nicht zu einem Imagegewinn der Raumfahrt beitragen, wenn diese im All durchgeführt werden würden.

Astronauten leiden im All unter Appetitlosigkeit, und es fällt ihnen schwer, die gleiche Menge wie auf der Erde zu essen. Deswegen tritt schnell eine Mangelernährung auf. Außerdem ist der Geschmackssinn beeinträchtigt und Astronautennahrung ist deshalb schärfer gewürzt.

Die NASA hat untersucht, ob Astronauten für Langzeitmissionen Tiere betreuen und letztendlich auch schlachten könnten, doch man kam zu der Überzeugung, dass dies wegen der emotionalen Bindung zu den Tieren wohl nicht passieren würde und das Astronauten eher auf eine vegetarische Ernährung setzen würden.

Economy vs. Share Economy

Eine weitere interessante Frage ist, welchen Wert das Geld haben wird. Von aktuellen Entwicklungen an der Börse wäre man aufgrund der großen Entfernung abgeschnitten, und bei einem Flug mit nur annähernder relativistischer Geschwindigkeit würde die Zeit auf der Erde wesentlich schneller als an Bord vergehen. Hätte man zu Beginn seiner Reise sein Konto nur leicht überzogen, würde man bei seiner Rückkehr aufgrund des Zinseszinses vor einem gigantischen Schuldenberg stehen.

Auf der Erde ist der Sauerstoff kostenlos, doch in einer Marskolonie könnte es eine Luftgebühr geben. Doch was passiert mit Menschen, welche diese Gebühr nicht zahlen wollen oder können? Man kann ihnen schlecht die Luftzufuhr abstellen.

Zudem stellt sich die Frage, ob es in einer Kolonie noch Privatbesitz geben würde oder ob alles der Gemeinschaft gehört. Ob das Konzept des Geldes überhaupt noch funktioniert, wenn die Menschheit mit der Kolonisierung des Sonnensystems beginnen würde? Von interstellaren Reisen ganz zu schweigen.

Strafverfolgung auf einem anderen Planeten

Ein weiteres Problem, das bedacht werden muss, ist die Strafverfolgung auf einem anderen Planeten. Man wird bei einer Marskolonie nicht gleich unter den ersten Strukturen, die man errichtet, ein Gefängnis bauen. Doch überall, wo Menschen zusammenleben, passieren auch Verbrechen.

So wie der Tod des ein oder anderen Polarforschers durch einen Kollegen begünstigt wurde, wird es bei einer permanenten Mond- oder Marsstation den ersten Totschlag und den ersten Mord geben. Einen Verdächtigen oder Verurteilten Kolonisten zurück zur Erde zu bringen, dürfte auf Dauer die Kosten jedes Justizsystems sprengen. Wie also sollte mit so jemandem umgegangen werden? Und wie wichtig ist den Menschen in der Zukunft die Gewaltenteilung?

Auf der Erde ist die Aufspaltung in Judikative, Exekutive und Legislative für das Zusammenleben in einem demokratischen System unverzichtbar. Doch wie würde man es auf dem Mars handhaben, würde man dieses fundamentale Prinzip der Rechtsstaatlichkeit aufgeben, um Kosten zu sparen? Würde man einen Sheriff akzeptieren, der auch gleichzeitig Richter ist? Was ist, wenn der einzige Tatverdächtige zudem eine bedeutende Stellung innehat? Würde man den einzigen Spezialisten jahrelang einsperren, würden auch zwangsläufig alle andere Kolonisten darunter leiden. Vor dem Gesetz sollten alle gleich sein, aber selbst im heutigen Justizsystem werden zwei, die dasselbe tun, nicht immer gleich behandelt. Doch wie würden Menschen reagieren, wenn die Stellung des Angeklagten in der Kolonie wichtiger ist als das Verbrechen, das er begangen hat? Wenn nicht Gerechtigkeit für das

Opfer und Strafe für den Täter die ausschlaggebenden Kriterien sind, sondern das Gemeinwohl und das Überleben der Kolonie? Es könnte zudem
verstärkt zu Meutereien kommen, wenn Menschen ungerecht behandelt
werden oder sich auch nur so fühlen.

Welche Sprache wird gesprochen?

Ein Problem bei der Erforschung des Weltalls wird die Sprache sein.
Womöglich wird sich in den kommenden Jahrhunderten eine Einheitssprache
bestehend aus Elementen der englischen, spanischen und chinesischen Sprache auf der Erde herausbilden. Dennoch würden viele Begriffe wie z. B.
„Hochhäuser", „grüne Wiesen" oder „blauer Himmel" den Menschen, die an
Bord eines Generationenraumschiffes geboren werden, nichts sagen, einfach
aus dem Grund, da sie solche Sachen an Bord nur digital, aber nicht in echt
sehen könnten und diese Wörter in ihrem Alltag keine Rolle spielen würden.
    Zudem entwickelt sich die Sprache immer weiter, und wenn wir nur
wenige Jahrtausende zurückblicken, werden wir feststellen, dass von den
damals gesprochen Sprachen heute nicht mehr viel übrig ist. Kein Mensch
kann heutzutage noch Sumerisch sprechen, und lediglich ein paar Ägypto-
logen können ägyptische Hieroglyphen entziffern. Dies hätte zur Folge, dass
Menschen, die nach Jahrhunderten an ihrem Ziel ankommen, mit anderen
Menschen auf der Erde nur schwer kommunizieren könnten, da sich die
Sprachen unterschiedlich entwickelt hätten.
    Vor dem gleichen Problem stehen die „Atomianer": Forscher, die sich mit
dem Wissenschaftsgebiet der Atomsemiotik beschäftigen und versuchen,
unsere Nachkommen vor den Gefahren unseres radioaktiven Abfalls zu war-
nen. Denn dieser wird auch noch in Millionen Jahren strahlen. Man kann
nicht zwangsläufig davon ausgehen, dass diese auf dem gleichen oder einem
fortgeschrittenen technologischen Stand sind als wir, und deswegen kann es
gut sein, dass sie nichts von den Gefahren des Atommülls wissen. Deswegen
müssen die Warnschilder von ihrer Symbolik her eindeutig sein. Was leichter gesagt als getan ist.

Militarisierung

Technologien, welche für die Raumfahrt entwickelt werden, lassen sich
leicht für militärische Zwecke einsetzen. Man spricht hierbei von *Dual use.*
Als es uns gelungen ist, Atome zu spalten, wurde erst die Atombombe und

dann ein Kernkraftwerk zur Stromerzeugung gebaut. Bei der Antimaterie könnte es ebenso so sein, und eine einzelne Antimateriebombe könnte einen ganzen Kontinent auslöschen. Der griechische Philosoph Heraklit (520–460 v. Chr.) soll gesagt haben: *„Der Krieg ist der Vater aller Dinge."* Wenn man sich die bisherige Menschheitsgeschichte anschaut, scheint er Recht gehabt zu haben.

Sicherheit ist zwar ein Grundbedürfnis der Menschen, aber die Frage, wie sinnvoll die Militarisierung des Alls wäre, darf dennoch gestellt werden. Allerdings könnten etwaige Bedenken leicht der Realität zum Opfer fallen. Wenn es einen regelmäßigen Schiffsverkehr zwischen der Erde und einer Mondkolonie oder der Erde und den inneren Planeten unseres Sonnensystems gibt und dieser wertvolle Rohstoffe transportiert, könnten durch diese Transporte gezielt Kriminelle angelockt werden. So wie es heute wieder Piraterie in bestimmten Regionen auf der Erde gibt, könnten auch in Zukunft Menschen von der Aussicht auf schnellen Reichtum verführt werden, sodass man auf die Idee kommen könnte, diese Transporte zu bewaffnen, um sie zu schützen.

Ferner ist dies keine Frage zukünftiger Generationen, sondern heute schon sehr real. Die Sowjetunion testete mehrfach Waffen im All, z. B. 1987 Polyus, welches mit einer Energija-Rakete gestartet wurde. Bereits zuvor feuerte eine amerikanische F-15 am 13. September 1985 im Rahmen des ambitionierten und sehr kostspieligen SDI-Programms eine ASM-135 ASAT ab und zerstörte den ausrangierten Satelliten P78-1 Solwind. 2007 startete China eine Antisatellitenrakete vom Weltraumbahnhof Xichang aus und zerstörte den ausgedienten Wettersatelliten Fengyun-1 C. Ein Jahr später schoss das US-Kriegsschiff USS Lake Erie mit einer modifizierten SM-3 den defekten experimentellen Spionagesatelliten USA-193 ab. Offiziell um zu verhindern, dass es auf der Erde zu einer Kontaminierung mit dem Treibstoff Hydrazin kommt. Inoffiziell war dies wohl auch als Statement gegenüber Russland und China gedacht. Des Weiteren gibt es das mysteriöse X-37-Projekt von Boeing. Bei diesem wiederverwendbaren unbemannten Raumgleiter handelte es sich zunächst um ein Projekt der NASA, bevor das US-Militär die Federführung übernahm und dieses bereits mehrfach auf mehrmonatige Missionen in die Umlaufbahn geschickt wurde, ohne das nähere Einzelheiten hierzu bekannt sind.

Im Jahr 2018 gründeten die USA zudem die *United States Space Force* als sechste Teilstreitkraft, welche bis zum Jahr 2020 einsatzbereit sein soll, und ein Space Command soll bald folgen.

Nur was passiert, wenn man in den Weiten des Alls auf eine höherentwickelte außerirdische Zivilisation trifft und eine Konfliktlösungskompetenz in Wildwestmanier an den Tag legt? Außerirdische könnten Waffenfeuer als eine unfreundliche Begrüßung interpretieren.

Wenn die zukünftige Generation von Menschen die technischen Probleme des interstellaren Reisens löst, sich nicht aber auch ethisch und sozial weiterentwickelt, würde man die Konflikte der Erde nur ins All hinaustragen. Dann wäre es wohl wirklich besser, man würde das mit der zukünftigen Exploration des Universums sein lassen.

Literatur

von Braun, W. (1971). *Space frontier*. New York: Holt, Rinehart Winston.

Erratum zu: Aktuelle Raketen und zukünftige Trägersysteme

Erratum zu:
Kapitel 4. In: S. Piper, *Space – Die Zukunft liegt im All*,
https://doi.org/10.1007/978-3-662-59004-1_4

Folgende Änderung wurde ausgeführt:

Seite 65: Der Satz „In nicht allzu ferner Zukunft könnte auf diese Weise der Dream Chaser gestartet werden." wurde entfernt.

Die korrigierte Version des Kapitels ist verfügbar unter
https://doi.org/10.1007/978-3-662-59004-1_4

Glossar

Apollo-Programm Dieses amerikanische Weltraum-Programm lief von 1961–1972 und hatte die bemannte Mondlandung zum Ziel.

Asteroidengürtel Der Asteroidengürtel befindet sich zwischen den Planeten Mars und Jupiter. Er besteht aus hunderttausenden von Asteroiden und der Zwergplanet Ceres ist das größte Objekt hiervon.

Aurora-Programm Das europäische Aurora-Programm beinhaltete verschiedene Erkundungsmissionen, von denen viele nicht durchgeführt worden sind und von denen lediglich der ExoMars-Orbiter und -Rover nach mehrjähriger Verspätung realisiert wurden bzw. werden.

Cassini-Huygens-Sonde Dieses amerikanisch-europäische Gemeinschaftsunternehmen hatte die Erkundung des Planeten Saturn und seiner Monde zum Ziel. Der Cassini-Orbiter stammte aus den USA und der Huygens-Lander, welcher 2005 auf dem Saturnmond Titan abgesetzt wurde, aus Europa.

Constellation-Programm Das ambitionierte amerikanische Constellation-Programm wurde von US Präsident George W. Bush am 14. Januar 2004 verkündet und 2009 von seinem Nachfolger wieder begraben. Allerdings können sowohl das Orion-Raumschiff als auch die SLS-Rakete auf dieses Programm zurückgeführt werden.

Deep Space Network Um mit interplanetaren Sonden kommunizieren zu können, baute die NASA dieses globale Netzwerk aus Parabolantennen auf.

Fairing Hierbei handelt es sich um die Nutzlastverkleidung an der Spitze einer Rakete, welche die Nutzlast schützt und die aerodynamischen Eigenschaften der Rakete verbessert.

Galilei'schen Monde Die vier größten Monde des Planeten Jupiter (Io, Europa, Ganymed und Kallisto) wurden von Galileo Galilei entdeckt und sind deshalb unter dieser Bezeichnung bekannt.

© Springer-Verlag GmbH Deutschland, ein Teil von Springer Nature 2019
S. Piper, *Space – Die Zukunft liegt im All*, https://doi.org/10.1007/978-3-662-59004-1

Göbekli Tepe Prähistorische Ausgrabungsstätte im Südosten der Türkei, welche die ältesten bekannten monumentalen Steinkreise beherbergt und 10.000–12.000 Jahre alt ist.

GPS-Navigationssystem Das Global-Positioning System ist ein globales Satellitennavigationssystem. Ursprünglich für das US-Militär entwickelt, wird es heutzutage zusätzlich zivil genutzt.

Hermes-Projekt Ursprünglich französisches, später europäisches Projekt für die Entwicklung eines wiederverwendbaren Raumtransporters. Es wurde 1992 aufgrund der Kosten eingestellt.

Intrinsische Motivation Motivation aus eigenem Antrieb.

Juno 1 Vierstufige Rakete, welche den ersten amerikanischen Satelliten Explorer 1 startete und zur Redstone-Raketen-Familie gehörte.

Kontinuierlicher Verbesserungsprozess Durch ständige Verbesserungen in kleinen Schritten optimiert man Prozesse oder Produkte.

Kryonik Kryonik oder auch Kryostase bezeichnet das Einfrieren von Organismen oder Organen, um sie zukünftig wieder auftauen zu können.

Lunar Orbital Platform-Gateway Ehemals als Deep Space Gateway bezeichnete zukünftige Raumstation, welche sich entweder an einem der Lagrange-Punkt zwischen Erde und Mond oder in einer Mondumlaufbahn befinden soll.

Lunochod-Programm Dieses sowjetische Raumfahrtprogramm (1969–1973) bestand aus zwei ferngesteuerten Fahrzeugen auf dem Mond. Ein erster Startversuch ging schief, und eine weitere geplante Mission wurde nicht durchgeführt.

Mercury-Programm Das Ziel dieses Programms (1958–1963) war es, den ersten Amerikaner in eine Umlaufbahn um die Erde zu bringen. Hierzu zählen zwei bemannte Suborbitalflüge und vier bemannte Orbitalflüge.

N1-Rakete Riesige Trägerrakete mit 30 Triebwerken in der ersten Stufe, welche beim sowjetischen Mondprogramm zum Einsatz kommen sollte. Alle vier Startversuche zwischen 1969 und 1972 scheiterten.

Nedelin-Katastrophe Bisher größte Katastrophe in der Raumfahrt. Bei der Explosion einer sowjetischen Interkontinentalrakete am 24. Oktober 1960 starben auf dem Weltraumbahnhof in Baikonur mindestens 126 Menschen.

Neumann-Sonden Konzept von selbstreplizierenden Sonden oder Raumschiffen des amerikanischen Mathematikers John von Neumann.

New Space Unter diesem Begriff versteht man aufstrebende private Raumfahrtfirmen wie SpaceX oder Blue Origin.

Orion-Raumschiff Das Orion Multi-Purpose Crew Vehicle wird von Lockheed Martin im Auftrag der NASA entwickelt und soll zukünftig Astronauten ins All bringen. Das Service-Modul stammt von Airbus Defense and Space.

Proton-Rakete Arbeitspferd der russischen Raumfahrt, die seit ihrem Erststart 1965 mehrfach verbessert wurde. Die aktuelle Version Proton-M ist seit 2001 im Einsatz.

Saljut-Programm Sowjetische Raumfahrtprogramm das sieben Raumstationen zwischen 1971 und 1985 beinhaltete.

Saturn V Die Mondrakete, welche mit ihren 111 m Höhe und ihrer gewaltigen Nutzlastkapazität bis heute eine der leistungsstärksten Raketen ist.

Shenzhou-Raumschiff Chinesisches Raumschiff das dem russischen Sojus-Raumschiff sehr ähnlich ist, aber doppelt so viele Solarpaneele besitzt und von den Abmessungen etwas größer ist.

Sojus-Raumschiff Seit 1967 im Einsatz und seitdem mehrere Male modifiziert und verbessert.

Space Race Wettrennen zwischen den USA und der Sowjetunion in den 1950er und 1960er Jahren um technische Errungenschaften in der Raumfahrt.

Spezifischer Impuls Der spezifische Impuls ist eine wesentliche Kenngröße von Raketentriebwerken und zeigt wie effektiv ein Triebwerk den Treibstoff ausnutzt.

Suborbitalflug Beschreibt eine parabelförmige Flugbahn bei der ein Raumfahrzeug zwar den Rand des Weltraums erreicht, aber nicht in eine Umlaufbahn eintritt.

Swing-by-Manöver Bei diesem Flug-Manöver nutzt ein Raumfahrzeug zunächst die Anziehungskraft eines Planeten oder anderen astronomischen Objektes aus, um hierdurch seine Flugbahn und seine Geschwindigkeit zu ändern. Wenn man dicht an dem Objekt vorbeigeflogen ist, hat die Anziehungskraft den gegenteiligen Effekt. Allerdings erhält man eine positive Energiebilanz dadurch, dass man sich etwas Bahnenergie ausleiht, da ein Planet in dieser Zeit auch ein Stück weit um die Sonne kreist.

Van-Allen-Gürtel Dieser ist ein Strahlungsgürtel um die Erde, welcher dadurch entsteht, das energiegeladene Teilchen (z. B. von der Sonne) auf das Erdmagnetfeld treffen und sich entlang der magnetischen Feldlinien bewegen.

Woschod-Kapsel Hierbei handelte es sich um den Nachfolger der Wostock-Kapsel. Bei Woschod 1 (1964) waren zum ersten Mal drei Menschen gleichzeitig im Weltraum und bei Woschod 2 (1965) wurde zum ersten Mal ein Weltraumspaziergang durchgeführt. Weitere geplante Flüge wurden nicht durchgeführt.

Woschod-Rakete Einer der Nachfolger der sowjetischen R-7 Rakete, welcher von 1963 bis 1976 im Einsatz war. Basierte auf der Wostok-Rakete, bei der die dritte Stufe durch eine leistungsfähigere Stufe ersetzt wurde.

Wostok-Kapsel War eine einsitzige Weltraumkapsel, mit welcher die Sowjetunion im Zeitraum von 1961 bis 1963 sechs bemannte Raumflüge durchführte. Juri Gagarin wurde am 12. April 1961 zum ersten Menschen im Weltraum.

Wostok-Rakete Die zweistufige R-7 wurde um eine dritte Stufe ergänzt, um eine Kapsel in eine Umlaufbahn bringen oder massereiche Sonden starten zu können. Sie war von 1958 bis 1991 im Einsatz und wurde mehrmals modifiziert. Am 18. April 1980 explodierte eine Rakete auf der Startrampe beim Betanken im Kosmodrom Plessezk und tötete 48 Menschen.

Stichwortverzeichnis

© Springer-Verlag GmbH Deutschland, ein Teil von Springer Nature 2019
S. Piper, *Space – Die Zukunft liegt im All*, https://doi.org/10.1007/978-3-662-59004-1

Springer

springer.com

Willkommen zu den Springer Alerts

Jetzt anmelden!

- Unser Neuerscheinungs-Service für Sie:
  aktuell *** kostenlos *** passgenau *** flexibel

Springer veröffentlicht mehr als 5.500 wissenschaftliche Bücher jährlich in gedruckter Form. Mehr als 2.200 englischsprachige Zeitschriften und mehr als 120.000 eBooks und Referenzwerke sind auf unserer Online Plattform SpringerLink verfügbar. Seit seiner Gründung 1842 arbeitet Springer weltweit mit den hervorragendsten und anerkanntesten Wissenschaftlern zusammen, eine Partnerschaft, die auf Offenheit und gegenseitigem Vertrauen beruht.

Die SpringerAlerts sind der beste Weg, um über Neuentwicklungen im eigenen Fachgebiet auf dem Laufenden zu sein. Sie sind der/die Erste, der/die über neu erschienene Bücher informiert ist oder das Inhalts-verzeichnis des neuesten Zeitschriftenheftes erhält. Unser Service ist kostenlos, schnell und vor allem flexibel. Passen Sie die SpringerAlerts genau an Ihre Interessen und Ihren Bedarf an, um nur diejenigen Informa-tion zu erhalten, die Sie wirklich benötigen.

Mehr Infos unter: springer.com/alert

A14445 | Image: Tashatuvango/iStock

Ihr kostenloses eBook

Vielen Dank für den Kauf dieses Buches. Sie haben die Möglichkeit, das eBook zu diesem Titel kostenlos zu nutzen. Das eBook können Sie dauerhaft in Ihrem persönlichen, digitalen Bücherregal auf **springer.com** speichern, oder es auf Ihren PC/Tablet/eReader herunterladen.

1. Gehen Sie auf **www.springer.com** und loggen Sie sich ein. Falls Sie noch kein Kundenkonto haben, registrieren Sie sich bitte auf der Webseite.
2. Geben Sie die eISBN (siehe unten) in das Suchfeld ein und klicken Sie auf den angezeigten Titel. Legen Sie im nächsten Schritt das eBook über **eBook kaufen** in Ihren Warenkorb. Klicken Sie auf **Warenkorb und zur Kasse gehen**.
3. Geben Sie in das Feld **Coupon/Token** Ihren persönlichen Coupon ein, den Sie unten auf dieser Seite finden. Der Coupon wird vom System erkannt und der Preis auf 0,00 Euro reduziert.
4. Klicken Sie auf **Weiter zur Anmeldung**. Geben Sie Ihre Adressdaten ein und klicken Sie auf **Details speichern und fortfahren**.
5. Klicken Sie nun auf **kostenfrei bestellen**.
6. Sie können das eBook nun auf der Bestätigungsseite herunterladen und auf einem Gerät Ihrer Wahl lesen. Das eBook bleibt dauerhaft in Ihrem digitalen Bücherregal gespeichert. Zudem können Sie das eBook zu jedem späteren Zeitpunkt über Ihr Bücherregal herunterladen. Das Bücherregal erreichen Sie, wenn Sie im oberen Teil der Webseite auf Ihren Namen klicken und dort **Mein Bücherregal** auswählen.

EBOOK INSIDE

eISBN	978-3-662-59004-1
Ihr persönlicher Coupon	s4mGwssRSyASWwJ

Sollte der Coupon fehlen oder nicht funktionieren, senden Sie uns bitte eine E-Mail mit dem Betreff: **eBook inside** an **customerservice@springer.com**.

Printed by Printforce, the Netherlands